青少年 Python 编程入门

图解 Python

傅骞 王钰茹 编著

电子工业出版社

Publishing House of Electronics Industry

北京·BEIJING

未经许可,不得以任何方式复制或抄袭本书之部分或全部内容。
版权所有,侵权必究。

图书在版编目(CIP)数据

青少年 Python 编程入门:图解 Python / 傅骞,王钰茹编著 . —北京:电子工业出版社,2020.9
ISBN 978-7-121-39554-3

Ⅰ.①青… Ⅱ.①傅… ②王… Ⅲ.①软件工具-程序设计-青少年读物 Ⅳ.① TP311.561-49

中国版本图书馆 CIP 数据核字(2020)第 172423 号

责任编辑:张贵芹　　文字编辑:仝赛赛
印　　刷:中国电影出版社印刷厂
装　　订:中国电影出版社印刷厂
出版发行:电子工业出版社
　　　　　北京市海淀区万寿路 173 信箱　　邮编:100036
开　　本:787×1092　1/16　印张:17.25　字数:386.4 千字
版　　次:2020 年 9 月第 1 版
印　　次:2020 年 9 月第 1 次印刷
定　　价:69.80 元

凡所购买电子工业出版社图书有缺损问题,请向购买书店调换。若书店售缺,请与本社发行部联系,联系及邮购电话:(010)88254888,88258888。

质量投诉请发邮件至 zlts@phei.com.cn,盗版侵权举报请发邮件至 dbqq@phei.com.cn。

本书咨询联系方式:(010)88254510,tongss@phei.com.cn。

前言

很早以前,我就想写一本不一样的程序设计书给中小学生和他们的老师,让他们在快乐的阅读中不知不觉地学会程序设计。但在看了很多写给孩子们的编程书籍后,发现这并不容易。直到有一天,我看到了王钰茹画的插图,被她的奇思妙想惊艳了,于是就有了本书。

本书的目的是培养学习者的计算思维,并帮助学习者在此基础上掌握Python程序设计的基本技能,所以在编写上采用了情境设定、问题界定、抽象建模和程序编写的基本流程,而不是直接进行程序设计。因为发现问题并把它转换成程序能够解决的问题和编写程序一样重要。同时,为了方便学习者的学习,本书在语言上采用了大量的类比手法,并加入了精美的手绘插图,从而满足更低年龄段学习者的需要。

当然,我不得不承认,语言和图画的帮助依然无法改变程序设计是个难题的事实,学习者在阅读的过程中可能会遇到先前没有学习过的知识。为此,我建议学习者在使用本书的时候,先照着书中的例子去做,在看到成功的效果后试图去理解其中的原理,而不是在理解的基础上去做,这样,你就会发现,学习的成就感会高很多,学习起来会更有动力,于是,学习的效果也就更好了。

本书的完成,既是鼓励,也是压力。学习者在使用本书的过程中可能会发现书中的错误或不当之处,请多多反馈,从而激励我们继续努力。

目 录

第一章 你好，世界！ ·· **001**

1.1 故事的开始 ··· 001

1.2 迎接 Python 的到来——安装 Python ··· 001

1.3 你好，世界！——Python 的第一次运行 ·· 003

1.4 让计算机"计算"起来 ·· 009

1.5 住在"街上"的字符串 ·· 016

1.6 关于 Python 的一些介绍 ·· 022

本章小结 ··· 025

练一练 ·· 025

第二章 诊病机器人 ·· **027**

2.1 本章将会遇到的新朋友 ··· 027

2.2 大白医生智能诊病 ·· 027

2.3 大白医生制作人 ··· 028

2.4 大白医生如何记住病人的基本信息？ ·· 032

2.5 病人如何告诉大白医生自己的病情？ ·· 036

2.6 大白医生如何诊断疾病？ ·· 039

2.7 大白医生如何诊断复杂症状？ ·· 046

2.8 大白医生如何给出诊病结果？ ·· 049

本章小结 ··· 052

练一练 ·· 053

第三章　恐龙山洞ᆢᆢ054

3.1　本章将会遇到的新朋友ᆢᆢ054
3.2　游戏体验师ᆢᆢ054
3.3　游戏制作人ᆢᆢ056
3.4　安排住宿ᆢᆢ056
3.5　选择山洞ᆢᆢ062
3.6　揭晓结局ᆢᆢ069
3.7　氛围设计之延时功能——time 模块ᆢᆢ071
3.8　成竹在胸——程序流程ᆢᆢ072
3.9　游戏升级任务ᆢᆢ075
3.10　现实链接ᆢᆢ076
本章小结ᆢᆢ079
练一练ᆢᆢ080

第四章　迷宫大作战ᆢᆢ082

4.1　本章你将会遇到的新朋友ᆢᆢ082
4.2　游戏规则ᆢᆢ082
4.3　谁来绘制迷宫？ᆢᆢ082
4.4　迷宫绘制思路ᆢᆢ087
4.5　如何简化迷宫绘制的程序？ᆢᆢ089
4.6　走出迷宫ᆢᆢ100
4.7　我的迷宫ᆢᆢ100
4.8　此海龟非彼海龟ᆢᆢ101
4.9　有返回值的自定义函数ᆢᆢ105
4.10　为什么使用函数？ᆢᆢ107
4.11　爱心礼物ᆢᆢ108
4.12　艺术展的邀请ᆢᆢ113
4.13　现实链接：年轮ᆢᆢ114
本章小结ᆢᆢ118
练一练ᆢᆢ119

第五章　数字炸弹ᆢᆢ121

5.1　本章你将会遇到的新朋友ᆢᆢ121
5.2　游戏体验师ᆢᆢ121

5.3 游戏制作人 ·· 122
5.4 问题1：如何设置"炸弹"？ ·· 124
5.5 问题2：如何缩小"炸弹"的范围？ ·· 125
5.6 反思评估 ·· 126
5.7 构建防御系统——异常处理 ·· 129
5.8 螺旋爆炸 ·· 137
5.9 游戏升级任务 ··· 156
本章小结 ·· 159
练一练 ··· 159

第六章 田忌赛马 ·· 161

6.1 本章将会遇到的新朋友 ·· 161
6.2 田忌赛马 ·· 161
6.3 问题1：如何遍历田马的所有出场方式？ ···································· 163
6.4 问题2：判断每种出场方式中田马能否获胜 ································· 168
6.5 反思评估 ·· 171
6.6 对战胜率 ·· 171
6.7 问题3：如何计算各出场方式中田马的总胜率？ ··························· 172
6.8 问题4：如何找到田马的最大胜率及对应的出场方式？ ··················· 174
6.9 反思评估 ·· 178
6.10 现实链接 ··· 184
本章小结 ·· 185
练一练 ··· 186
附1：关于元组的内置函数 ·· 187
附2：关于列表的内置函数及列表的内置方法 ··································· 188

第七章 单词密码（上） ·· 189

7.1 本章你将会遇到的新朋友 ··· 189
7.2 游戏体验师 ··· 189
7.3 游戏制作人 ··· 190
7.4 任务一：随机设置单词密码——getPassword() ··························· 193
7.5 反思评估 ·· 194
7.6 任务二：提示玩家游戏初始信息——displayInitBoard() ················ 198
7.7 任务三：实现密码猜测过程——playGame() ······························ 198

7.8 反思评估 ... 203
7.9 反思评估 ... 204
7.10 游戏升级 ... 205
7.11 反思评估 ... 208
本章小结 ... 209
练一练 ... 209
附1：文件对象方法 ... 210
附2：关于字典的内置函数及字典内置方法 ... 211

第八章 单词密码（下） ... 212

8.1 本章你将会遇到的新朋友 ... 212
8.2 任务升级 ... 212
8.3 任务一：根据游戏结果更新 Excel 数据文件 ... 229
8.4 任务二：显示单词猜中率的数据分析结果 ... 231
本章小结 ... 234
练一练 ... 235

第九章 垃圾分类助手 ... 237

9.1 本章你将会遇到的新朋友 ... 237
9.2 垃圾为什么要分类？ ... 237
9.3 垃圾分类助手 ... 237
9.4 任务一：输入垃圾 ... 238
9.5 任务二：垃圾分类 ... 238
9.6 任务三：输出结果 ... 242
9.7 反思评估 ... 243
9.8 软件升级 ... 243
9.9 垃圾分类助手升级——拍照智能识别 ... 251
9.10 垃圾分类助手升级——语音播报分类结果 ... 258
本章小结 ... 261
练一练 ... 261

附录1：转义字符 ... 263

参考答案 ... 264

Python 基础语法目录一览表

章节	语法	页码
第一章	print() 输出函数	5
	数据类型	9
	数字及数学运算	10
	字符串	16
第二章	变量和赋值	32
	input() 输入函数	36
	if-else 条件控制	40
	条件嵌套	46
	条件多分支结构	47
	字符串格式化方法	50
	逻辑值	42
	关系运算	43
第三章	模块	58
	random 随机数模块	61
	while 条件循环	63
	逻辑运算	68
	time 模块	71
第四章	turtle 模块	82
	自定义函数	90
	形参和实参	95
	全局变量和局部变量	101

续表

章节	语法	页码
第五章	try-except 异常处理	130
	for 计数循环	139
第六章	元组	164
	列表	175
第七章	文件	195
	字典	205
第八章	pandas 数据集操作库	215
第九章	集合	239

第一章　你好，世界！

1.1　故事的开始

Python，作为一款广受欢迎的编程语言，自其诞生以来便凭借着简洁、优美、可扩展性强等迷人的优点，帮助人类完成了许多工作。从简单的计算到游戏开发，从收集数据的网络爬虫到如今无处不在的人工智能……Python 一直以来都是人类的好伙伴、好帮手。

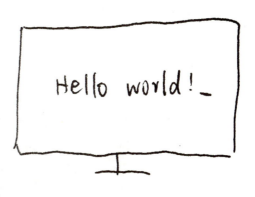

现在，我们即将走进 Python 的世界，共同开启一场 Python 编程之旅。请让我们先互道一声：

"你好，Python！"

"你好，世界！"

1.2　迎接 Python 的到来——安装 Python

1.2.1　下载 Python

首先，进入 Python 官网：https://www.python.org/，然后单击"Downloads"进入下载页。

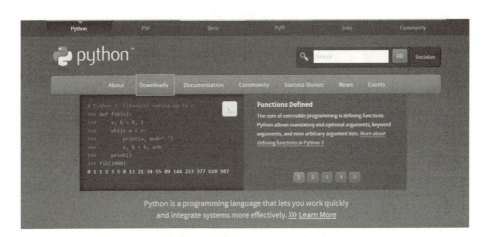

在下载页单击"Windows"或其他环境，进入版本选择页面，选择并下载和你的计算机环境匹配的 Python 安装包。本书的所有案例都是在 Windows 环境下运行的，使用的版本是 Python 3，所以，如果你想运行本书案例中的程序，请务必下载 Python 3，而非 Python 2。这里，我们安装的是 Python 3.8.3 的版本，你也可以安装 Python 3 的其他版本。选择 Windows 版本的 64 位安装包"x86-64 executable installer"单击链接，下载安装包。注意，如果你的电脑是 32 位系统，请选择"x86 executable installer"。

📖 1.2.2　安装 Python

①双击刚刚下载的可执行文件，单击"Customize installation"，进行自定义安装。

②默认选项全部勾选。其中 Documentation 是 Python 文档；pip 是 Python 包管理工具，用来查找、下载、安装、卸载 Python 包；IDLE（Integrated Develepment and Learning Environment）是 Python 的集成开发环境，你可以在里面编写并运行 Python 程序；Python test suite 是 Python 的测试文件。暂时还不知道这些东西是什么，也不用着急，之后我们会慢慢认识它们的。单击"Next"，进入下一步。

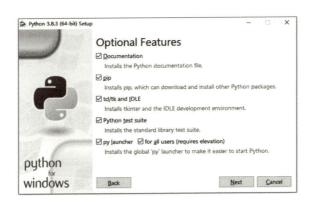

③选择计算机上的一个位置，安装 Python。选定位置后，单击"Install"，开始安装。

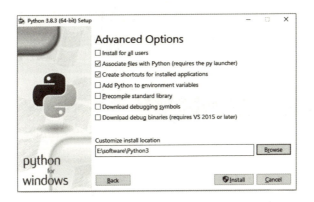

至此，Python 已来到了你的计算机中。接下来，让我们请 Python 向世界问候一句：你好，世界！

1.3 你好，世界！——Python 的第一次运行

1.3.1 下达命令的地方——Python 集成开发环境 IDLE

我们从 Python 的官网上下载并安装了 Python 之后，同时也就安装了

IDLE——Python 的集成开发和学习环境。除了 Python 自带的 IDLE，还有 PyCharm、Vim、Sublime Text 等其他 Python 开发环境，但这些环境需要另外下载和安装。虽然相比这些开发环境，IDLE 没有那么多功能，但它已经具备 Python 应用开发所需的基本功能。我们可以通过 IDLE 向 Python 发出指令，同时 Python 也会通过 IDLE 给我们反馈。

IDLE 集成了编辑代码时要用的工具，包括交互式 Shell 和编辑器。其中，交互式 Shell 相当于一个简化的编辑器，当我们只需要编写一些简短的代码时，可以在交互式 Shell 中编写代码并执行；但如果需要编写完整的程序，或者需要将代码保存并希望能够反复运行，就要使用编辑器了。

IDLE = 交互式 Shell + 编辑器 + 其他

这里，我们先来打开 IDLE 中的交互式 Shell，体验一下 Python 代码在你电脑上运行起来的感觉。在下一章里，再向你介绍如何用编辑器编写一段完整的程序。

📖 1.3.2　启动 IDLE

在 Windows 操作系统中，单击左下角的搜索框，输入"IDLE"，找到 IDLE 应用程序，启动后弹出一个窗口，这个窗口就是交互式 Shell，在这里，Python 可以一条一条地执行你的指令：

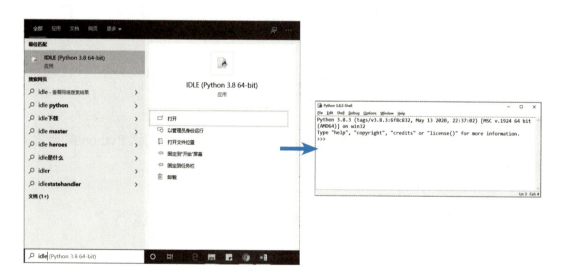

在命令提示符"＞＞＞"后面输入 Python 指令，再按下回车键，Python 就会执行该指令，并显示指令执行的结果。之后，就会在下一行出现一个新的命令提示符"＞＞＞"，等待你输入下一条指令。

知识卡片——Python 指令

一个 Python 指令就是你给 Python 下达的一个任务，它是一条 Python 语句，也可以说是 Python 代码。就好比训狗员给小狗下达"趴下""握手"等指令一样，你可以通过 Python 指令指挥计算机完成相应的任务。

现在，请在命令窗口中输入一行 Python 代码：print('Hello world!')，并按下回车键。一个历史性的时刻就诞生了——在 Python 的交互式 Shell 中，Python 在屏幕上"打印"出了它的第一行文字，"Hello world!"。

```
Python 3.8.3 Shell
File Edit Shell Debug Options Window Help
Python 3.8.3 (tags/v3.8.3:6f8c832, May 13 2020, 22:37:02) [MSC v.1924 64 bit
(AMD64)] on win32
Type "help", "copyright", "credits" or "license()" for more information.
>>> print('Hello world!')
Hello world!
>>>
```

世界你好，Python，来了！

1.3.3　print() 函数——打印输出

在我们写下的第一句代码"print('Hello world!')"中，print() 是一个负责打印输出的 Python 函数，括号里的内容则是我们希望 Python 输出的内容。

（1）函数

在数学课上，你已经见过函数了，比如，$y=x+1$ 就是一个函数，x 的值不同，得到的 y 值就不同。程序中的函数与数学中的函数有着异曲同工之妙，都是将一系列复杂的操作或连续的指令打包，"封装"成一条指令。就像去餐厅吃饭，我们只需要点菜，厨师就会给我们做出美味佳肴，而我们自己不需要知道这道菜是如何做出来的。

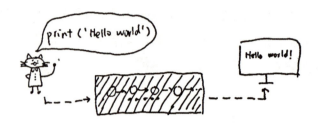

要在屏幕上打印出一行文本，Python 其实需要进行很多复杂的操作，但是你看，我们只需要写一行指令，就可以实现这个功能。这是因为 Python 的设计者早已将一系列用于打印输出的代码"封装"起来，并将其命名为 print，我们只需调用 print() 函数，就能调用函数中被"封装"的底层代码了。

print() 函数的功能是打印一行文本，并自动换行。所谓换行，是指将光标移动到下一行行首的位置，下一次打印将从下一行开始，而不是在已打印出的文本"Hello world"的后面继续打印。

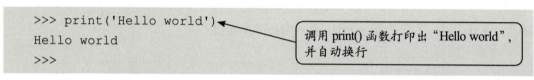

```
>>> print('Hello world')
Hello world
>>>
```

调用 print() 函数打印出"Hello world"，并自动换行

除了 print() 函数，Python 的设计者还为我们设计了很多其他函数，如 int()、float() 等。Python 自带的函数叫内置函数。内置函数可以帮我们做很多事情，让编程更加轻松，让我们"站在巨人的肩膀上"。

知识卡片——函数的分类

- 内置函数：Python 已经设计好的，可直接调用的函数，如 print() 等。
- 自定义函数：由编程者自己设计的函数，需先定义再调用。到第三章时，我们将学习如何设计并调用自定义函数。

Python 的内置函数真好用啊，一句 print('Hello world') 就可以打印出"Hello world"。如果我想打印别的内容，也可以用 print() 函数吗？

当然可以啦！事实上我们可以向 print() 函数传递任何你想让它打印的内容。代码 print('Hello world') 中，括号里的 'Hello world' 就是要打印的内容，我们把它称为 print() 函数的"参数"。"参数"就好比你点菜时告诉厨师的"菜名"，点不同的菜名，厨师就会做出不同的菜。

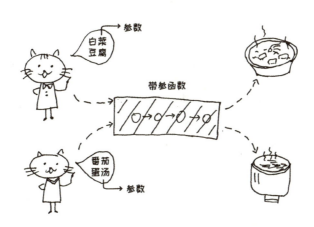

（2）print() 函数的参数

print() 函数括号里的内容，是函数的参数，它指定了 print() 将要打印的内容，它是一个可以改变的值。参数不同，输出的内容就不同。例如，我们可以将参数换为 'Hello 2020!'：

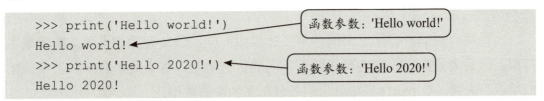

注意到了吗？这两个例子中，'Hello world!' 和 'Hello 2020!' 这两个参数都是由一对单引号括起来的。在 Python 中，像这样用一对引号括起来的内容，是一种文本内容，我们称为"字符串"，稍后的内容里会向你详细介绍它。

对 print() 函数来说，它不仅可以输出一串用引号括起来的文本，还可以直接输出一个数字。例如，用 print() 输出 2020 这个年份：

另外，如果你不向 print() 函数传递参数，它就会默认什么都不输出，然后自动换行，于是你就会得到一个空行。

但是要注意的是，即使你不需要向函数传递参数，也要在函数名后加上括号。这是"函数调用"的标志。

```
>>> print()

>>>
```
← 调用 print()，打印一个空行

📖 1.3.4 字符串 vs 数字

在 print('Hello world!') 中，参数是一个用引号括起来的内容，我们称为"字符串"，它具有文本含义。而在 print(2020) 中，参数 2020 是一个数字，它具有数字含义，能够进行数学运算，而这却是字符串所不具备的能力，字符串和数字之间有本质区别。

🔍 想一想

下面输出的两个 2020，它们有何不同？

```
>>> print('2020')
2020
>>> print(2020)
2020
```

上面两行代码，打印出来的结果虽然表面一样，但却有质的不同。前者是字符串，而后者是数字，它们属于两个不同的数据类型，有不同的含义和功能。我们可以用内置函数 type() 来检验它们各自所属的数据类型：

```
>>> type('2020')
<class 'str'>
>>> type(2020)
<class 'int'>
```
str 表示字符串数据类型，具有文本含义，可对它进行文本操作

int 表示整数数据类型，具有数字含义，能进行数字运算

知识卡片——type() 函数

type() 函数是 Python 的一个内置函数,它可以用来判断某个数据的类型。例如,运行代码 type('2020'),则输出字符串 '2020' 的类型为 'str',前面的 class 则表示这里输出的内容是数据的类型。

想一想

既然 print('2020') 和 print(2020) 都能打印出 2020,我们为什么还要认认真真地区分"字符串"和"数字"这两种数据类型呢?

1.3.5 数据类型

不同的数据类型有不同的功能。就像猴子会爬树,小鸟会唱歌,不同的动物有各自不同的本事。字符串和数字就像两个不同的物种,它们各有各的本事。字符串特有的本事是其文本操作;而数字特有的本事则是其数学含义——能够进行计算。当需要进行计算时,字符串就只能说一句:"本字符串做不到啊!"

在 Python 中,有六个标准的数据类型:

- Number(数字)
- String(字符串)
- List(列表)
- Tuple(元组)
- Set(集合)
- Dictionary(字典)

目前,我们已经见过前两个数据类型——数字和字符串了。在之后的学习中,我们也会慢慢认识其他几位"朋友"。这里,我们只要知道 Python 中有这么几个数据类型就可以啦。

1.4 让计算机"计算"起来

既然数字的本事是计算,下面,我们就让计算机"计算"起来!

你知道计算机为什么叫"计算机"吗?因为最早的计算机,就是用来进行复杂计算的,到现在,"计算"更是计算机十分厉害的一个本事!通过 Python,我们可以给计算机下达"计算"的指令。

📖 1.4.1 四大基本运算

打开交互式 Shell，在">>>"提示符后面输入任意一个算术表达式，然后按下回车键，计算机就会自动计算出算术表达式的值，并打印在屏幕上。

```
>>> 2+3
5
```

知识卡片——算术表达式 & 运算符

在 Python 中，算术表达式就像数学中的"算式"，1+2、2-5 都是算术表达式。它由算术运算符和操作数组成。在算术表达式"1+2"中，"1"和"2"都是操作数，"+"是运算符。

算术表达式的值就是算式的计算结果，如：算术表达式"1+2"的值是 3。另外，单个数字也可以看作一个特殊的算术表达式，其值就是这个数本身。

在 Python 中，四大基本运算和在数学课上学过的是一样的，只不过键盘上没有"×"和"÷"，所以用"*"代表乘，用"/"代表除。举例如下：

```
>>>2*10/5
4.0
```

❓ **想一想**

在数学课上，我们了解到运算符是有优先级的，那么在 Python 中，运算符的优先级是怎样的呢？

我们不妨在 Python 的交互式 Shell 中输入一个同时有"+""-"和"*""/"的算术表达式，例如，8-5*2，计算其结果。如果 Python 中运算符没有优先级，则应先算 8-5，再算乘法，结果是 6；若有优先级，则应先算 5*2，再算减法，结果是 -2。根据计算结果，我们就能知道 Python 中的运算符是否有优先级了！

验证结果：在交互式 Shell 中输入算术表达式 8-5*2，得到的结果为 -2。可见，Python（实际上包括其他所有编程语言）里的数学运算果真和我们数学课上所学的一样。如果想要改变运算顺序，加上括号就可以啦！举例如下：

```
>>> (8-5)*2
6
```

知识卡片——数字类型

在 Python 中，常用的数字类型一共有 3 种。

（1）整型（int）。整型数字和数学中的整数一样，包括正整数、负整数和 0。

（2）浮点型（float）。浮点型数字和数学中的小数一样，小数点是它的标志。它既可以表示整数，也可以表示小数，如 10.0，2.5。

（3）复数（complex）。复数类型的数字与数学中的复数一样，j 表示虚数单位。

```
整型：
>>> type(10)
<class 'int'>
>>> type(-10)
<class 'int'>
>>> type(0)
<class 'int'>
```

```
浮点型：
>>> type(10.0)
<class 'float'>
>>> type(2.5)
<class 'float'>
>>> type(-1.2)
<class 'float'>
```

```
复数：
>>> type(10j)
<class 'complex'>
>>> type(10+10j)
<class 'complex'>
```

》》》现实链接

妈妈给了你 50 元，让你用这些钱去买鸡蛋。卖鸡蛋的奶奶告诉你，她家的鸡蛋是 10 元一袋，一袋 15 枚，不单卖。请让 Python 帮你计算一下，你最多可以买多少枚鸡蛋呢？

一个月后，家里的鸡蛋吃完了。妈妈又给了你 50 元，让你去买鸡蛋。但是这次卖鸡蛋的奶奶告诉你，她家现在卖的是自己养的土鸡蛋，土鸡蛋要贵一点，是 20 元一袋，一袋 15 枚，不单卖。请让 Python 帮你计算一下，这次你最多可以买多少枚鸡蛋呢？

》》》现实解析

第一次买鸡蛋：10元可买15枚鸡蛋。我们可以先算一下50元能够买几袋，再算一共有多少枚鸡蛋。用Python计算"50/10*15"表达式的值：

```
>>> 50/10*15
75.0
```

计算完成后，Python告诉你，50元最多可以买75枚鸡蛋。

第二次买鸡蛋：20元可买15枚鸡蛋。像第一次一样，我们也先计算50元可以买几袋，再算共有多少枚鸡蛋。用Python计算"50/20*15"表达式的值：

```
>>> 50/20*15
37.5
```

计算完成之后，Python告诉你，50元最多可以买37.5枚鸡蛋。但是你知道的，奶奶不会卖给你半枚鸡蛋，这样计算是有问题的！

那么，问题出在哪儿呢？问题在于：鸡蛋是一袋一袋地卖，我们应该先计算出50元最多能买的袋数，而这个数字应该是个整数，当一袋鸡蛋10元的时候，50元刚好可以买5袋鸡蛋，而当一袋鸡蛋变为20元时，50元就只能买2袋鸡蛋了，但是会余下10元。

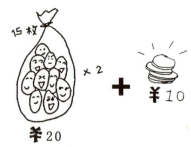

```
>>> 50/20
2.5
```
直接计算50/20，得到小数2.5，而非整数2

想一想

在Python中，直接计算50/20，会得到小数2.5，而并非我们想要的整数2。在Python中如何舍去浮点数小数点后的内容，使其变成整数呢？

（1）转换为整数——int()

在Python中，内置函数int(x)可以将x转换为一个整数。如果x是一个浮点数，那么它会舍去小数点后的所有内容，只留整数部分（注意：这和"四舍五入"不同）：

```
>>> int(2.5)
2
```

（2）转换为浮点数——float()

在 Python 中，除了能将浮点数变为整数，还能将整数变为浮点数：

```
>>> float(2)
2.0
```

1.4.2 还有三个算术运算符

（1）整除：//——只要商的整数部分

刚才买鸡蛋的时候，因为得到的商是小数，着实让我们折腾了一番。现在，向你介绍 Python 中一个叫"整除"的算术运算符——"//"，使用整除运算符，将直接返回两数相除的整数部分。有了"//"，再也不用为可能买到半个鸡蛋而担心了！

计算 50 元可以买多少枚土鸡蛋：

```
>>> 50//20*15
30
```

（2）取余：%——求余数

现在，我们已经算出来第二次买鸡蛋最多可以买 30 枚，请问你还剩下多少钱呢？

在 Python 中，取余运算符——% 可以直接计算出两数相除的余数，用它我们就可以直接计算出买鸡蛋之后剩余的钱数了：

```
>>> 50 % 20
10
```

做一做

如果第三次你去买鸡蛋的时候，奶奶告诉你，这次仍然是 20 元 15 枚，但是可以单卖，单卖的价格是 1.5 元一枚，请你让 Python 算一算，这次 50 元最多可以买多少枚鸡蛋呢？

（3）幂运算：**——乘以好多个自己

要想得到 5 个 2 连续相乘的结果，怎么算？

```
>>>2*2*2*2*2
32
```

013

要想得到 100 个 2 连续相乘的结果，怎么算？

```
>>>2*2*2*2*2*2*2*2*2……
```

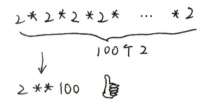

这么多 2，怕是自己都忘了到底现在已经输入了几个 2 了吧？但是如果我们用幂运算符就简单多了：

```
>>>2**100
1267650600228229401496703205376
```

Python 中，2**100 就等同于 2^{100}，也就是"2 的 100 次幂"，表示 100 个 2 相乘。

知识卡片——科学计数法 E

对于 3500000000 这个数，我们可以用科学计数法表示为：3.5×10^9，这是为了使表达更简洁、清晰。在 Python 中，科学计数法的标志就是 E 或者 e，例如，上面这个数可以表示为 3.5e+9 或者 3.5E+9。当运算结果的位数很长的时候，Python 也会自动表示成这种指数形式。

```
>>> 987654321.2221**2
9.754610582286871e+17
```

对于小数位数过多的数字，Python 也习惯用科学记数法来表示。比如 0.00000000035，这个数可以表示为 3.5e-10 或者 3.5E-10。

如果你还不太理解科学计数法，也不必担心。本书后面的程序也不会用到它，但是一回生二回熟，说不定以后某天你又见着它时，就会想起：噢！这位"朋友"我曾见过的。

1.4.3 数字和字符串不能进行相互运算

你已经知道，数字和字符串属于两个不同"物种"，它们之间存在"物种差异"，不可以进行相互运算，例如，数字 4 和字符串 '123' 不能相加。

但是，事情总有转机。例如，'123' 虽然是一个字符串，但它和整数 123 长得很像，这样，我们就可以用 int() 函数将字符串 '123' 转化为整数 123，使它能和数字 4 进行运算。

```
>>> 4+int('123')
127
```

当然，如果这是一个长得很像浮点数的字符串，我们也可以用 float() 函数将其转化为一个可以进行数学运算的浮点数。

```
>>> 4*float('2.5')
10.0
```

知识卡片——数据类型转换

有时，我们需要对数据的类型进行转换，使之能够进行相互运算。
- int()：将数据转换为整型，可转化浮点数或长得像整数的字符串。
- float()：将数据转换为浮点型，可转化整数或长得像浮点数的字符串。

```
>>> int(2.5)
2
>>> int('2')
2
```

```
>>> float(2)
2.0
>>> float('2.5')
2.5
```

值得注意的是，如果字符串长得并不像整型或浮点型，就不能被转化为数字，因为程序无法识别，转化过程中会报错，如：

```
>>> float('abc')
Traceback (most recent call last):
  File "<pyshell#13>", line 1, in <module>
    float('abc')
ValueError: could not convert string to float: 'abc'
```

不能将字符串 'abc' 转化为浮点数

- str()：将数据转为字符串型。在下面的例子中，用"+"连接了多个字符串，并将组成的新字符串输出：

```
>>> print('She is ' + str(18) + ' years old!')
She is 18 years old!
```

1.5 住在"街上"的字符串

我们说过，数字和字符串属于两个不同的"物种"，它们各有各的本事，数字的本事是进行数学运算，那么字符串有什么特点呢？

字符串就像一条街，这条街的名字就是这个字符串的名字，字符串中每一个字符都挨个儿住在这条街上。

> 字符串之诗
> 一个一个的字符，
> 排成队，
> 就成了字符串！
> 它们都住在，
> 同一条街道上。

```
s = 'Hello world!'
```

'Hello world!' 是一个字符串，它的名字叫做"s"。在 s 街道上，依次住着 'H' 'e' 'l' 'l' 'o' ' ' 'w' 'o' 'r' 'l' 'd' '!' 这些字符。字符串 s 就是由这些字符组成的。

在 Python 中，没有单字符，只有字符串，因为一个字符也可以看成一个字符串，只不过是一个很短的字符串而已，好比只有一户人家居住的街道。

这是一条神奇的街，因为街上的房子总是从 0 开始编号，接下去依次是 1 号、2 号……

在"s"街上，'H' 字符住在 0 号房子里，'e' 字符住在 1 号房子里……'o' 字符住在 4 号房子里。

就像邮递员送信的时候总是会按照信封上的门牌号去找收信人一样，我们也可以按照字符串街道上的门牌号去访问各个字符。在 Python 中，我们在方括号中写上字符的"门牌号"，就可以访问这条"字符串街道"中，该"门牌号"对应的房子里"住着的"字符了。

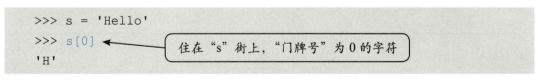

```
>>> s[1]
'e'
```

住在"s"街上,"门牌号"为 1 的字符

在 Python 中,通过方括号中字符的"门牌号"访问字符,叫做通过"下标"访问。

注意:上面我们通过 s='Hello world' 将 'Hello world!' 这个字符串赋值给了变量 s。这里你只需要知道 s 代表了 'Hello world!' 这个字符串即可,关于变量和赋值,下一章里你会更多地认识它们。

(1)字符串的创建

单引号或双引号

字符串的创建很简单,用一组单引号或者一组双引号将内容括起来即可,在之前的例子中,我们都用单引号来创建字符串。事实上,我们也可以用双引号来创建它们。

但是,一组单引号或一组双引号是不可分割的整体,切不可前面使用单引号,后面使用双引号,这样做会让引号们有痛失"兄弟"之感,而且 Python 也是不允许这样的情况发生的。

"Hello" ✓   'Hello' ✓   'Hello" ✗

```
>>> print("Hello")
Hello
>>> print('Hello')
Hello
>>> print('Hello")

SyntaxError: EOL while scanning string literal
>>>
```

单引号和双引号不匹配,Python 看见 'Hello" 会报告错误

三引号

有时,一个字符串可能很长,若不进行换行,实在是不美观,怎么办呢?用三引号!

三引号内的字符串,允许字符串换行。

一个三引号是由三个单引号组成的:''',也可以是由三个双引号组成的:"""。使用的时候,与单引号和双引号一样,都要成对出现。

```
>>> string = '''我是一个可以换行的字符串
我是一个可以换行的字符串
我是一个可以换行的字符串
我是一个可以换行的字符串啊！'''
>>> print(string)
我是一个可以换行的字符串
我是一个可以换行的字符串
我是一个可以换行的字符串
我是一个可以换行的字符串啊！
```

这里的 string 变量代表着上面创建的字符串

（2）字符串中有多少个字符——len() 函数

Python 的内置函数 len() 可以计算出字符串的长度，即字符的个数：

```
>>> len('Hello world!')
12
```

12 是字符串 'Hello world!' 中字符的个数，也是该字符串的长度。注意：空格符和感叹号也都各算作一个字符。

（3）Python 转义字符

现在，请你思考一个问题：在字符串中，用什么表示"换行"呢？

换行是一个行为，无法用一般的字符表示。但是聪明的人类想到一个办法：用"转义字符"这种特殊的字符来表示普通字符所不能表示的内容。需要在字符串中使用特殊字符时，Python 用反斜杠（\）来表示转义字符。

比如，换行就可以用转义字符 "\n" 来表示。Python 的"翻译官"在读到这里的时候，会自动将它解释为"换行"操作，这是一种约定。

```
>>> print('Hello\nworld')
Hello
world
```

我们知道，print() 函数的功能是输出括号里的内容，并自动换行。其中，实现"自动换行"的过程，其实就是在待输出内容的后面添加了一个转义字符 "\n"。所以上面的代码和下面的代码本质是一样的，只是上面的操作在一行代码中就实现了。

```
>>> print('Hello')
Hello
>>> print('world')
world
```

事实上，虽然 print() 函数默认自动换行，但我们也可以让它不自动换行，但需要向它传递一个参数 end，并用等号连接 end 和结尾字符，以此告诉 print() 函数要以什么字符结尾。例如，传入参数 end='"，输出内容的结尾符是一个空字符串，而不是换行符 \n，因此，这个输出将不以任何符号结尾，也就不会自动换行了。另外，print() 函数中，end 参数和待输出内容参数之间，要用逗号","隔开。

知识卡片——print() 函数的结尾符

通过 print() 函数的 end 参数，可以改变 print() 函数的默认换行结尾符。

```
print('我是不换行的输出', end='')
print('我是以空格结尾的输出', end=' ')
print('我是以逗号结尾的输出', end=',')
print('我是以句号结尾的输出', end='。')
```

上面代码如果依次运行，运行结果为：

我是不换行的输出我是以空格结尾的输出 我是以逗号结尾的输出,我是以句号结尾的输出。

除了换行，还有一些特殊字符，如，回车符（\r）、制表符（\t）等。其中，制表符可以让输出内容像表格一样，每一列都排列得整整齐齐。例如：

```
>>> print('1\ta')
1	a
>>> print('11111\ta')
11111	a
>>>
```

更多转义字符在本书附录中有详细介绍。

你可能会问，既然"\n"会被自动识别成"换行"，那么如果我想打印出"\n"，该怎么办呢？不要着急，办法总是有的。

方法一：在转义字符前再添加一个"\"，消除对单个字符的"转义魔咒"。

```
>>> print('\\n')
\n
```

方法二：在这个字符串前添加一个字母 r 或 R，消除对整个字符串的"转义魔咒"。

```
>>> print(r'e:\software\notepad.exe')
e:\software\notepad.exe
```

（4）周期性字符串的快速创建——"*"运算符

周期性字符串中的字符是周期性重复的，比如：

```
"abcabcabcabcabcabcabc"
```

你发现这个字符串的规律了吗？一个"abc"就是一个周期，这里有 7 个"abc"。

在 Python 中，可以通过"*"运算符来快速创建这个周期性的字符串：

```
>>> print('abc'*7)
abcabcabcabcabcabcabc
```

（5）字符串 + 字符串——"+"运算符

在 Python 中，字符串之间可以通过"+"运算符连接成一个新的字符串，比如：

```
>>> print('Hello '+'world')
Hello world
```

》》》现实链接

在买鸡蛋的故事中，如果现在土鸡蛋是 20 元 15 枚，不单卖，请在 Python 的交互式 Shell 中，计算并输出用 50 元最多可以买多少枚土鸡蛋。

输出结果示例：

你最多可以买 30 枚鸡蛋。

买完鸡蛋后，你还可以剩下 10 元。

》》》现实解析

以下仅作参考，方法不唯一。

```
>>> print('你最多可以买 ' + str(50//20*15) + ' 枚鸡蛋。\n 买完鸡蛋后,
你还可以剩下 ' + str(50%20) + ' 元。')
你最多可以买 30 枚鸡蛋。
买完鸡蛋后,你还可以剩下 10 元。
```

上面代码中，从 print 到最后一个括号")"，是完整的一行，但由于版面限制这里显示折行。在输入代码时请将其作为一整行，不换行输入。

（6）字符串的方法

字符串是一个特殊的类，具有文本含义。在 Python 设计之初，其设计者就为

它设计了很多"方法"。这里提到的"方法"和我们之前提到的 Python 内置函数相似，类里面的方法本质上就是一个函数，但不同之处在于，方法是属于某个类的，我们必须通过这个类实例化后得到的对象才能调用它们，并且其调用得借助成员访问运算符"."，通过"对象.方法"的形式访问或者调用；而 Python 的内置函数就比较自由了，它们可以在任何地方被直接调用。

知识卡片——成员访问运算符"."

"."是一种特殊的运算符——成员访问运算符，用于访问类或者对象中的成员。在 IDLE 或其他 Python 开发环境中，在对象或类名后加上一个"."，就会自动列出其中所有可以使用的方法。

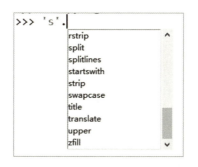 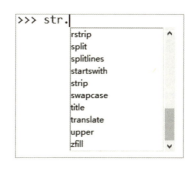

字符串中的方法主要用于对字符串进行文本操作。例如，字符串中的 upper() 方法可以将字符串中所有小写字母都转化为大写字母；lower() 方法可以将字符串中所有大写字母都转化为小写字母。

```
>>> 'HELLO world'.upper()
'HELLO WORLD'
>>> 'HELLO world'.lower()
'hello world'
```

（7）字符串编码格式

计算机中，所有信息最终都会被编码，字符串也一样。每个字符都会用一个共同约定好的数字来表示，就好比我们每个人都有一个身份证号一样。ASCII 码是基于拉丁字母的一套电脑编码系统，主要用于显示英语和其他西欧语言，对 0～9 的 10 个数字、A～Z 的 26 个大写英文字母、a～z 的 26 个小写英文字母，以及其他一些字符进行了编码，最多能表示 256 个符号，小写字母 a、b 和大写字母 A、

B 的 ASCII 编码如表 1-1 所示。

表 1-1 部分字符的 ASCII 编码

字符	ASCII 码（十进制）	字符	ASCII 码（十进制）
小写字母 a	97	大写字母 A	65
小写字母 b	98	大写字母 B	66

上表中给出了几个字符的 ASCII 编码，我们不必记住它们，需要时查阅即可。除了 ASCII 码，还有很多不同的编码方式，如 UTF-8、UTF-16、UTF-32、GB2312、GBK、Base64 等。其中 UTF-8 码非常厉害，它对全世界所有文字的字符都进行了编码。有时你会遇到一些乱码的现象，那可能就是编码方式不同所致。

1.6 关于 Python 的一些介绍

1.6.1 Python 是一种高级语言

Python 是一种计算机高级语言，与高级语言相对的，是低级语言。

曾经有人说，世界上只有 10 种人，一种是懂二进制的，一种是不懂二进制的。你可能会问：那不就是 2 种人吗？但如果你知道二进制就会明白，"10" 其实指的是二进制里的 1 和 0。对计算机来说，二进制语言（又称"机器语言"）才是它能直接识别和执行的语言，它是机器指令的集合，是一种低级语言。最早的程序设计使用的就是机器语言，程序员们要将用数字 0、1 编成的程序代码打在纸袋或卡片上，1 打孔，0 不打孔，再将程序通过纸袋机或者卡片机输入计算机，计算机才能进行计算。

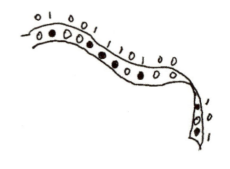

法国一位作家莫里哀曾说过一句话：语言是赐予人类表达思想的工具。300 多年之后，当程序员们还在忙着打孔，一个叫约翰·巴克斯的人在为导弹弹道计算编写程序时，开始琢磨怎么才能让编程变得简单点，于是世界上第一个计算机高级语言 Fortran 诞生了！

高级语言是以人类的日常语言为基础的一种编程语言，我们不用写一长串的

1 和 0，用一种我们能够理解的语言形式（比如中文、不规则英文或其他外文）就可以进行编程，而且程序代码也会有更强的可读性，正如我们刚才写下的第一行 Python 代码：print('Hello world!')，就是让计算机执行"打印 Hello world"的指令，简明易读。

在 Fortran 之后，又有很多高级语言诞生，如 C、C++、Java 等，而 Python 凭借着它简单、可扩展性强等特点，逐渐成为世界上最受欢迎的程序设计语言之一。

📖 1.6.2　Python 解释器

虽然高级语言终于让程序员从"打孔员"的身份中解脱出来，但不管是什么高级语言，最终都要被翻译成低级语言，才能被计算机理解。那么谁来做这个"翻译官"呢？对于 Python 来说，"翻译官"就是"解释器"。

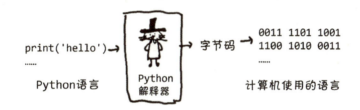

Python 的解释器不会直接将代码翻译成计算机所使用的语言，如二进制语言，而是先将代码翻译成一种中间形式的语言，叫做"字节码"，之后再转换成计算机所使用的语言。并且，Python 解释器是一位"同声传译"的翻译，一边翻译，一边执行。

当你成功安装 Python 之后，进入安装路径，打开 Python 文件夹，可以看到这一文件夹下的一些文件和文件夹。其中，python.exe 这一可执行文件就是我们的 Python 翻译官——Python 解释器。我们通过交互式 Shell 运行 Python 代码，就是在借助 Python 解释器不断地把我们的 Python 语言翻译成机器所能识别和执行的语言。

1.6.3 Python 是面向对象的语言

"万物皆对象"是 Python 语言及所有面向对象的程序设计语言的设计哲学。

Python 语言是面向对象的语言。对象是什么呢？举个例子：小布是一只斑点狗，那么小布就是众多斑点狗中具体的一只，我们可以称斑点狗为一个"类"，小布就是这个类中的一个对象，它是由"类"实例化后得到的。除了小布，还有别的斑点狗，它们有着一些共同的形态特征、生活习性和行为习性等。

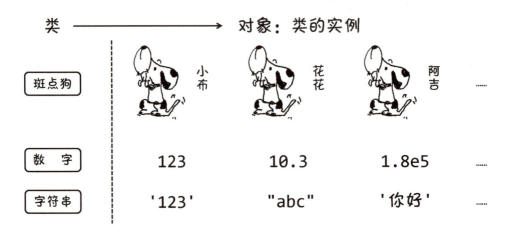

在 Python 中，对象和类的关系就好比小布和斑点狗的关系，类是具有相同属性和相同方法的一些对象的集合，而对象则是类的实例化。Python 中的每个数据都可以看作一个对象，而每个数据的类就是它所属的数据类型，不同类型的数据属于不同的类，具有不同的特征。例如，123 是一个数字，它是数字这个类的对象；'123' 是一个字符串，它是字符串这个类的对象，123 和 '123' 属于两个不同的类。

所谓"万物皆对象"，就像小布属于斑点狗，斑点狗属于犬，犬又属于哺乳动物，哺乳动物又属于动物……这样，我们就可以说斑点狗是犬的一个对象，犬又是哺乳动物的一个对象。在 Python 中，1.2 是一个浮点数，它是浮点数这个类的对象，而浮点数属于数字，因此浮点数又是数字这个类的对象。除此之外，函数也可以看作一个对象，每调用一次函数，都是对函数的一次"实例化"过程，即让函数内部的代码真正运行。

在程序中，"万物皆对象"的理念能让问题分析过程变得更加明晰，当我们找到一个问题中的对象和对象之间的关系时，就能很好地把握一个问题的关键特征，并进而找到问题的解决办法。在之后的学习中，你会更加深刻地体会到"万物皆对象"的哲学光辉。

本章小结

这一章里，我们认识了 Python 中两种主要的数据类型：数字和字符串。其中，数字具有数学意义，能通过不同的数学运算符进行数学运算；字符串具有文本含义，可以对其进行文本操作。不同类型的数据之间不能进行运算操作，但我们可通过 str() 将数字转化为字符串，可以通过 int() 或 float() 将长得像数字的字符串转化为数字。此外，我们还初步了解了函数是什么，认识了 print()、int()、float()、str() 等 Python 内置函数。

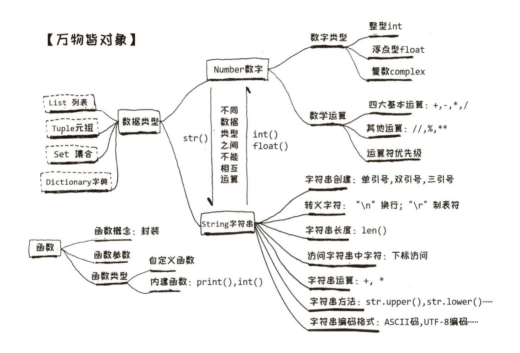

练一练

1. Python 是（　　）的计算机程序设计语言。

    A. 面向过程　　　B. 面向组件　　　C. 面向服务　　　D. 面向对象

2. 在 Python 中运行语句 "type(10.0)"，返回结果是（　　）。

    A. <class 'int'>　　B. <class 'string'>　　C. <class 'float'>　　D. <class 'list'>

3. 下列不属于内置函数的是（　　）。

    A. len()　　　　B. print()　　　　C. str()　　　　D. number()

4. 如果 a=5，b='3'，以下算式正确的是（　　）。

　　A. '6'+a　　　　　B. a+int(b)　　　　C. a+b　　　　D. 2+b

5. 打开交互式 Shell 面板，输入下列表达式并把结果填在下面的横线上。

>>> print(10%2)

（1）结果：_____

>>> print(5**3)

（2）结果：_____

>>> print(9//2)

（3）结果：_____

>>> print(len('123'))

（4）结果：_____

>>> print(int(1.8)+5)

（5）结果：_____

6. 在交互式 Shell 面板中输入一条语句，使之能连续输出 10 个 "="。

　　Python 语句：

_____

自我评价表

★ 我知道怎么给计算机下达指令	☐
★ 我能用 print() 函数在屏幕上打印出文本	☐
★ 我能让计算机进行数学运算	☐
★ 我知道如何进行数据类型的转化	☐
★ 我理解了"万物皆对象"的意思	☐

第二章 诊病机器人

2.1 本章将会遇到的新朋友

- 变量和赋值
- input() 函数
- 人工智能之专家系统
- 条件控制语句
- 逻辑值 True 和 False
- 关系运算符
- 字符串的格式化方法

2.2 大白医生智能诊病

在医学和技术迅速发展的今天，智能诊病机器人已不再只出现在科幻电影里。本章，你将认识一位诊病机器人——大白医生。大白医生能诊断基本的感冒和鼻炎，通过询问病人的症状，对简单的疾病做出判断，并给出治疗方案。

在本书提供的源代码文件中找到 "doctor.py" 文件，在 Python 编辑器中打开并运行，大白医生便可开始诊病。下面是大白医生的某次诊病过程。

——智能诊病机器人——

你好，我叫大白，是你的诊治医生。
请问你叫什么名字？（请输入姓名）大华
你今年多大了？（请输入年龄）23
大华，现在我们可以开始诊病了。

请问你是否鼻塞？（是则输入 Y，否则输入 N）Y
请问你是否鼻痒？（是则输入 Y，否则输入 N）N
你的体温是多少度？38
你这是流行性感冒，我会为你开点药，平时注意房间的通风。祝你早日康复！
>>>

注意：本书的所有源代码文件都在"华信教育资源网"上，网址为 www.hxedu.com.cn，在该网站上搜索本书书名，找到本书，即可下载本书所有源代码。

》》》现实链接——智能诊病机器人

大白医生能够像人类医生一样，通过病人的症状判断病人所患的疾病。虽然其本领仅限于诊断鼻炎和感冒，但是我们已经可以从中看到人工智能在医疗中应用的影子。

从古至今，医学的发展令我们惊叹。从"神农尝百草"到各种先进的医疗手段。你可曾想过，有一天，机器人也能像医生一样为病人诊病，甚至比医生诊断得更快、更准确。请看，当今的智能诊病机器人们：

"沃森医生"（Dr. Watson）是IBM公司打造的一款医疗认知计算系统，是肿瘤学界的"阿尔法狗"，可支持肺癌、乳腺癌、结肠癌、直肠癌、胃癌等8种癌症的治疗。

在《机智过人》节目中，医疗阅片机器人"啄医生"曾向15位拥有丰富临床经验的主任医师挑战从30套胸部CT片中诊断出问题病例，它成功地以较短的用时诊断出了10个问题病例。

……

这些智能诊病机器人给医疗事业注入了新的活力，它们正在逐渐成为医生的好帮手。

2.3 大白医生制作人

也许你会觉得，和那些成熟的智能诊病机器人相比，大白医生的医术不够高超。但是，"不积跬步无以至千里"，大白医生的医术虽然有待提升，却具有所有智能诊病机器人都必备的特质。接下来，我们将设计程序，创造一位大白医生。

想一想

如果你是大白医生，你需要知道病人的哪些信息呢？如何根据病人的信息诊断病情呢？

如果仍和第一章中一样，在交互式Shell中执行指令，则每次只能执行一条指令，而不能连续执行多条指令。因此，我们需要使用一种新的方式来执行一连串的Python指令——程序。从询问病人问题，到得出诊断结果，程序运行是一个连续的过程。

📖 程序 —— 指令序列的集合

程序： 程序是可以实现特定目标的一条或多条指令序列的集合。生活中程序很常见，一份菜谱里记录着这道菜的制作程序；一本活动策划书里记录着某个活动的流程；早上起床、洗脸、刷牙、吃早餐是一个程序；制作板凳时，从打眼、组装，到打磨也是一个程序……当计算机运行一个 Python 程序时，程序中的指令就会被连续执行，就像我们获得一份菜谱之后，按照菜谱中的操作步骤做出美食一样。对于计算机来说，根据人设定好的程序自动完成一系列指令，叫做"自动化"。

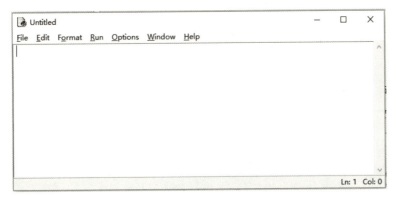

Python 可执行文件： Python 可执行文件能够存储多条 Python 指令序列，是一个后缀名为 ".py" 的文件，运行它时，其中的指令可以被连续执行。

IDLE 文件编辑器： IDLE 文件编辑器是 Python 自带的编辑器，是我们编写 Python 程序的地方。在 IDLE 文件编辑器中写好程序后，就可以将程序保存为一个 Python 可执行文件，运行该文件，便可执行程序。并且，当程序被保存为一个 Python 可执行文件后，可以被重复运行。

第一步：创建程序

启动 IDLE，单击 File → New File，弹出一个新窗口，这就是 IDLE 文件编辑器了。

现在，请你将下面 doctor.py 的代码输入 IDLE 的文件编辑器里吧。注意：每一行代码前面的空格要与下方代码中的严格一致，因为在 Python 中，缩进将决定代码属于哪一个语句块。

知识卡片——语句块和缩进

在 Python 中，用换行表示语句的结束，一行代码就是一条指令。如果一行是空行，则程序执行到这里时什么也不做，然后继续执行下一行语句。

语句块是一组连续的且有逻辑层级的代码。在 Python 中，有同样的缩进的一组连续的代码就是一个语句块，一行代码属于哪个语句块将决定它在何时被执行，进而决定整个程序的逻辑，学完本章后，你将很容易理解这一点。

缩进是 Python 语法的一部分，它是一种让计算机了解哪些代码属于一个语句块的方法。通常我们用 4 个空格或 1 个制表符表示 Python 中的一个缩进。例如，下面 doctor.py 的代码中，第 6 行在第 5 行的基础上进行了一个缩进，因此第 6 行代码属于第 5 行代码下的一个语句块。在其他的程序设计语言中，表示语句块的方法不一，如 C 语言用花括号 {} 来表示语句块，SQL 语言则用关键字 begin 和 end 表示一个语句块的开始和结束。

另外，值得注意的是，不是所有地方都可以通过缩进创建一个语句块，语句块通常出现在条件判断语句、循环语句和函数中，这些在之后的学习中会一一接触到。Python 中，错误的缩进可能导致程序运行错误。比如，当你运行下面这个程序的时候，因为第 3 行开头多了一个空格，Python 会提示你发生了错误，并高亮显示错误的地方。

```
#doctor.py
01. name = input('请问你叫什么名字？（请输入姓名）')
02. age = input('你今年多大了？（请输入年龄）')
03. print(name + '，现在我们可以开始诊病了。\n')
04. bisai = input('请问你是否鼻塞？（是则输入Y，否则输入N）')
05. if bisai=='Y':
```

```
06.     biyang = input('请问你是否鼻痒？（是则输入Y，否则输入N）')
07.     if biyang=='Y':
08.         print('你可能是过敏性鼻炎。建议尽量远离过敏源，并经常清洗鼻腔。')
09.     else:
10.         temp = float(input('你的体温是多少度？'))
11.         if temp>=38:
12.             print('可能是流行性感冒。我会为你开点药，注意房间的通风。')
13.         else:
14.             print('可能是普通感冒。建议你多喝热水。祝你早日康复！')
15. else:
16.     print('大白还需学习，暂时无法诊断。')
```

说明：在本书的程序示例代码中，每行代码前面的数字代表行数，在输入代码时，不必将行数也输入进去。对于较长的代码，由于本书版面宽度限制，一行代码可能折入了下一行中，在输入时，应当把它们当作一行，不要折行。

第二步：保存程序

按下"Ctrl+S"快捷键或者单击"File → Save as"保存源代码文件，弹出下图所示的窗口，在文件名文本框中输入"doctor.py"，然后单击保存按钮。恭喜你成功编写了自己的第一个程序！

第三步：运行程序

现在，是时候运行你编写的第一个程序了。单击"Run → Run Module"或者按下 F5 快捷键,即可运行程序。在大白医生诊病的过程中,病人可以通过键盘输入文字,和大白医生进行交互。

第四步:再次打开已保存的程序

单击"File → Open",在所出现的窗口中选择文件,并且单击"打开"按钮,所保存的 doctor.py 程序将会在文件编辑窗口中打开。或者找到要打开的程序文件,单击鼠标右键,选择 Edit with IDLE,也可以打开你的 Python 程序文件。

2.4 大白医生如何记住病人的基本信息?

在程序运行的时候,大白医生需要记住病人的名字、年龄等信息,如此才能对其进行准确诊断。计算机里有一个负责"记忆"的地方——内存。在 Python 中,可以通过设置变量,将病人的信息都保存在内存里,并且可以在需要的时候随时调用这些信息。

2.4.1 变量:对象的名字

每个人都有名字,名字是一个人的代号,有时我们也给宠物取名字,比如,我家有一只爱打喷嚏的狗,于是我给它取名叫"阿球",我喊"阿球"的时候,阿球就会向我跑来。在 Python 中,万物皆对象,变量就是一个对象的名字或者"标签"。变量能够表示一个值的抽象概念,通过变量,我们可以引用这个对象。

对计算机来说,病人的名字、年龄等信息都可以看作对象,计算机可以通过变量记住这些信息,以便之后提取这些信息,进行病情诊断。在程序 doctor.py 中,用 name 变量表示病人的名字,用 age 变量表示病人的年龄。

```
name = '大华'
age = 23
```

变量除了可以表示一个值的抽象概念外,还能存储一个计算结果。比如,在一个游戏程序中,我们可以创建一个变量 score 来记录并存储玩家的游戏得分。

知识卡片——变量命名规则

1. 变量名必须以字母开头。

2. 变量名中的其他字符必须是字母、数字或者下画线,这意味着变量名中不能有空格(my name 就不是一个合法的变量名)。

3. 变量名区分大小写,abc 和 ABC 是两个不同的变量。

4. 变量不能与 Python 中一些已经被赋予了特殊意义的词重名。如 print、int 等内置函数名,以及本书后面会讲到的 if、else 等 Python 关键字。

给变量命名虽是"戴着镣铐跳舞",但是变量命名规则的终极目的是为了增强代码的易读性和可靠性。在未来的实战中,你经常需要给变量取名字,慢慢你会知道如何给变量取个好名字。通常,一个有意义的名字会比一个没有意义的名字更受青睐。

驼峰命名法:
userName
printNum

下画线命名法:
user_name
print_num

做一做

1. 下列 Python 变量名中,错误的是(　　)。(多选)

　A. China　　　　B. new_pos　　　C. "Beijing"　　　D. zy

2. 下列可以作为 Python 变量名的是(　　)。(多选)

　A. First Touch　　B. x-1　　　　C. if　　　　　　D. x_1

2.4.2 赋值:创建变量的过程

赋值是创建变量的过程。当我们想让程序记住某个对象的时候,就在内存中开辟一块地方,把这个对象放在里面,同时给这个对象取一个名字,并让这个名字指向对象所在的位置,这个过程就是赋值。

赋值操作是通过赋值操作符"="来完成的。例如:

```
name = '大华'
```

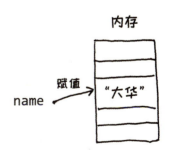

通过赋值操作，将字符串"大华"赋给了变量name，变量name就指向了内存中"大华"字符串的存储位置。这里的"="不是数学上的"等于"，而是一个赋值符号，其作用是把右边的内容赋值给左边的变量，使对象和变量名建立起对应联系。赋值操作完成之后，就可以通过变量名name来访问内存中的字符串"大华"了。

```
>>> name = '大华'
>>> print(name + ',现在我们可以开始诊病了。')
大华,现在我们可以开始诊病了。
```

2.4.3 变量类型

我们可以给小狗取名叫"阿球"，也可以给小猫取名叫"阿球"，甚至可以给一个玩具取名叫"阿球"，"阿球"可以是任意一类对象的名字。在Python中，变量也可以被赋予不同类型的值。被赋予了不同类型值的变量，是不同类型的变量。比如，在doctor.py程序中，创建的变量name为字符串变量，age为整数变量。

2.4.4 变量之变

变量为什么叫"变"量呢？因为变量的值是可以改变的，当一个变量被赋予了一个新的值，它就会指向新值所在的位置，就好像新值将旧值覆盖了一样。

（1）更新变量的值

例如，在答题比赛中，用score记录得分，初始分值为10分，答对加3分，答错扣1分。设计答题程序如下：

```
score = 10
q1 = 输入第一题1+2 的结果
如果q1 等于3:
    score = score+3
否则:
    score = score-1
print('得分:'+str(score))
```

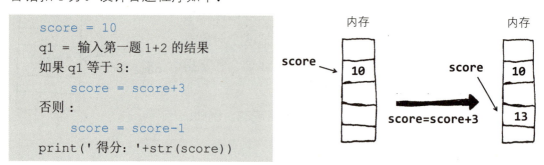

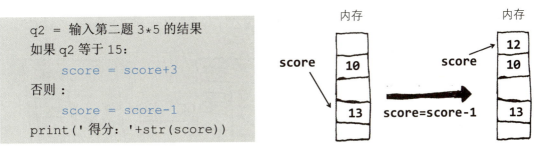

```
q2 = 输入第二题 3*5 的结果
如果 q2 等于 15：
    score = score+3
否则：
    score = score-1
print('得分：'+str(score))
```

注意：上面的程序并非完整的 Python 程序，不可以正常运行。因为部分语法知识我们还未学到，所以暂时用汉语来表示它们的含义，你可以称这样的代码为"伪代码"。

在上面的程序中，若第一题"1+2"答对，则 score 将被赋值为 score+3 的值，即 13。

若第二题"3*5"答错，则 score 将被赋值为 score-1 的值，即 12。

（2）赋值传递

在 Python 中，可以直接将一个变量赋值给另一个变量，称为赋值传递。其实质就是把一个变量所指向的内存中的数据赋值给另一个变量，例如：

```
a = 'ABC'
b = a
a = 'XYZ'
print('a='+ a )       # 输出：a='XYZ'
print('b='+ b )       # 输出：b='ABC'
```

注意：上面的程序中，最后两行代码的后面各有一段以"#"开头的话，它们是程序中的注释。

知识卡片——注释

在 Python 中，"#"表示注释。注释是写给我们看的，用以提示程序员这一段代码的含义。在程序运行中，注释会被忽略，不会被执行。在写程序的过程中，良好的注释可以增加代码的可读性，即使很久之后再看也能很快想起当时的思路。并且，它还有助于程序员们之间的合作和交流。

通过 b=a 赋值操作，变量 b 将指向变量 a 所指向的数据"ABC"。通过 a ='XYZ'

赋值操作，变量 a 将指向一个新的数据"XYZ"，但是变量 b 仍然指向"ABC"。

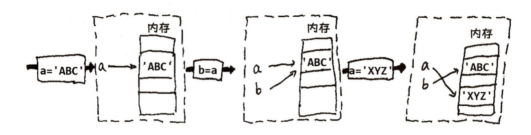

2.5 病人如何告诉大白医生自己的病情？

想象一下，如果人类没有眼睛、耳朵、鼻子等任何感觉器官，会怎样？我们可能无法生活，不知春夏秋冬有何不同，不知风声、雨声、读书声为何物。所以，感知外界信息真的太重要了。大白医生要了解病人的情况，必须通过各种输入设备，如键盘、鼠标、摄像头、话筒、传感器等，它们就好比人类的眼睛、鼻子、耳朵等各种感觉器官。键盘输入是最常用的一种输入方式。

2.5.1 键盘输入——input() 函数

在 Python 中，内置函数 input() 可以获取用户通过键盘所输入的信息，比如程序 doctor.py 中，通过 input() 函数来获取病人的相关信息：

> input() 函数的参数为输入内容的提示语，可以为空

```
name = input('请问你叫什么名字？（请输入姓名）')
age = input('你今年多大了？（请输入年龄）')
bisai = input('请问你是否鼻塞？（是则输入Y，否则输入N）')
```

当程序执行到 name = input('请问你叫什么名字？（请输入姓名）') 时，会输出提示语"请问你叫什么名字？（请输入姓名）"，然后等待你输入自己的名字。如果不传入参数，则没有提示语。当你输入了自己的名字，并按下回车键 Enter 后，input() 函数会将方才输入的内容即刻返回，并将这个值赋给 name 变量，之后继续执行后面的语句。

知识卡片——有返回值的函数

input() 函数和 print() 函数一样，都是 Python 的内置函数，所不同的是，print() 函数是无返回值的函数，而 input() 函数是有返回值的函数，它会在执行完其中的代码之后，返回一个值。

正因如此，我们可以直接将有返回值的函数看作一个数据对象，对其进行赋值或运算操作。在大白医生的程序中，代码 name=input() 就将 input() 函数返回的值赋给了变量 name。

2.5.2 实验探究：input() 函数返回的对象是什么数据类型？

知道了 input() 函数可以获取用户的输入后，我曾迫不及待地写了一个可以计算两数乘法的程序，并且让用户来输入两个数的值。程序如下：

```
a = input('输入一个操作数:')
b = input('输入另一个操作数:')
result = a*b
print(result)
```

运行该程序时，当我输入完第二个操作数，并按下回车键之后，程序向我报告了一个错误，具体内容如下：

输入一个操作数：5
输入另一个操作数：6

```
Traceback (most recent call last):
  File "E:\code\test.py", line 3, in <module>
    result = a*b
TypeError: can't multiply sequence by non-int of type 'str'
>>>
```

看到这里，你知道程序为什么出错了吗？请编写程序验证一下你的想法。

在程序设计中，许多时候由于拼写或语法错误，程序会停止运行，并返回错误报告。学会阅读错误报告可以帮助我们更快地解决程序中的 bug。在这里，根据错误报告 TypeError 后的提示，我们知道，产生错误的原因为：变量 a 和 b 是字符串，不能进行乘法运算。可见，input() 函数返回的内容是字符串，而不是数字。

即使我们输入的是数字，input() 函数也会把数字以字符串的格式返回。我们可以用之前见过的用来判断数据类型的 type() 函数来检验一下：

```
>>> num = input('输入一个数字：')
输入一个数字：1
>>> print(num)
1
>>> type(num)
<class 'str'>

>>> string = input('输入一个字符串：')
输入一个字符串：Dave
>>> print(string)
Dave
>>> type(string)
<class 'str'>
```

实验结论：input() 函数返回的内容永远都是字符串类型的数据。

❓ 想一想

input() 函数返回的内容永远都是字符串，如何才能实现"两数相乘且数值由用户输入"的程序功能呢？尝试编写程序试一试。

在上一章中，我们了解到，int() 函数可以将字符串转化为整数，float() 函数可以将字符串转化为浮点数，实现数据类型的转化。因此，我们只需将 input() 函数返回的字符串转化为数字即可，修改后的程序如下：

```
a = float(input('输入一个操作数'))
b = float(input('输入另一个操作数'))
result = a*b
print(result)
```

> 通过 float() 函数将 input() 函数返回的内容转化成浮点数

同样，在大白医生的程序里，询问病人体温时，将 input() 函数返回的值用 float() 函数转换为浮点数，再赋值给变量 temp。这样，temp 就是一个数字变量，存储着病人的体温值。

```
temp = float(input('你的体温是多少度？'))
```

2.6 大白医生如何诊断疾病?

医生的诊病过程,就是根据病人的症状,基于自己的知识和经验,对病情进行严谨的逻辑思考,从而做出诊断。

过敏性鼻炎和感冒具有一些相似症状,大白医生需要学会如何区分它们。

已知医学知识有以下 3 点:

过敏性鼻炎:打喷嚏、流清水样鼻涕、鼻塞、鼻痒等症状出现 2 项以上(含 2 项),每天症状持续或累计在 1 小时以上,喷嚏次数较多。可伴有眼痒、结膜充血等眼部症状。

普通感冒:主要表现为鼻部症状,如打喷嚏、鼻塞、流清水样鼻涕,也可表现为咳嗽、咽干、咽痒、咽痛或灼热感。一般无发热及全身症状,或仅有低热、不适、轻度畏寒、头痛。

流行性感冒:畏寒、高热,体温可达 39~40℃,多伴头痛、全身肌肉关节酸痛、极度乏力、食欲减退等全身症状,常有咽喉痛、干咳,伴有鼻塞、流鼻涕等症状。

根据这些知识,我们可以画一个简单的病情推理图,如下图所示。

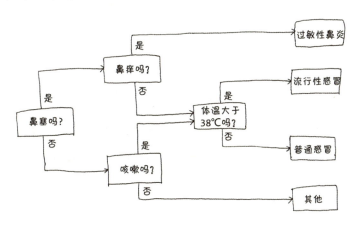

像医生诊病一样,机器人诊病时也需要根据病人的病情进行逻辑判断。那么,对于人类来说很自然的逻辑判断,在程序中如何实现呢?

> 如果体温大于 38℃,
> 则病人可能是流行性感冒;
> 否则,
> 病人可能是普通感冒。

注:此处对过敏性鼻炎、普通感冒、流行性感冒进行的逻辑分析仅为引出程序设计中的逻辑判断,真实场景下,还需由专业医生做出科学诊断。

2.6.1 条件控制语句——条件判断

在 Python 中，有一个特殊语句——条件控制语句，也叫 if…else 语句，用于进行条件判断。条件控制语句就像一个岔路口，程序会首先在岔路口进行条件判断，然后根据条件判断的结果进入相应的道路，控制程序执行相应的语句。

if…else 语句由关键字、判断条件，以及子句构成。关键字是 Python 中一些被赋予了特殊意义的单词，这里 if 和 else 都是 Python 中的关键字，分别表示"如果"和"否则"，当你在 Python 编辑器中输入 if 和 else 这两个关键字时，可以看到它们的颜色为橙色（不同的编辑器颜色可能不同）。在 if 语句和 else 语句后面，由一个冒号":"标志接下来的语句为其子句。

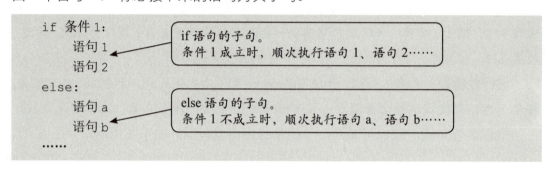

知识卡片——条件控制语句中的语句块

我们已经知道，语句块是一组连续的且有逻辑层级的代码，在 Python 中一个语句块中的代码有相同的缩进。在上面的条件控制语句中，语句 1 和语句 2 组成了一个语句块，从属于 if 语句；语句 a 和语句 b 组成了另一个语句块，从属于 else 语句。当条件 1 成立时，语句 1、语句 2 将被顺序执行，而语句 a、语句 b 将不会被执行；反之，语句 a、语句 b 将被顺序执行，而语句 1、语句 2 将不会被执行。

条件控制语句像一个岔路口，岔路口有一个向导，负责将程序引向不同的道路。当程序执行到 if 语句时，会首先判断"条件 1 是否成立"。如果条件 1 成立，则走向 if 语句的子句；否则，就走向 else 语句的子句。

条件控制语句和之前使用过的语句都不一样，它给程序提

供多个选择,开辟了多条道路,并设置不同的条件,让程序走向不同的道路,从而得出不同的结果,就像大白医生的诊病过程一样:

```
if 体温高于 38℃:
    print('病人可能是流行性感冒。')
else:
    print('病人可能是普通感冒。')
```

当体温高于 38℃ 时,输出"病人可能是流行性感冒"

否则,输出"病人可能是普通感冒"

注意:以上代码中,"体温高于 38℃"不是标准的 Python 语句,仅表示逻辑。

想一想

日常生活中,我们其实经常都在进行"判断",判断月亮是否围绕地球转,判断两条线段是否一样长……我们似乎很容易做出这些判断。但是对于计算机来说,它如何判断一件事情的真假呢?在上面的例子中,程序是如何判断条件控制语句中"体温高于 38℃"这一条件是否成立的呢?

2.6.2 表达式和逻辑值

（1）算术表达式和逻辑表达式

要想让计算机能够判断一件事情是真是假,首先得用计算机能够理解的形式把这件事情表达出来。在 Python 中,表达一件事情的句子就叫作"表达式"。由于计算机不仅能进行数学运算,还能进行逻辑运算。因此,表达式包括算术表达式和逻辑表达式,算术表达式用来表达对一个或多个数字的计算操作;逻辑表达式则用来表达一件事情的逻辑。在第一章中,我们已经认识了算术表达式,如 2*5 表示将数字 2 和 5 进行相乘操作。

（2）表达式的值

在 Python 中,表达式是有值的,算术表达式的值就是算式计算的结果;而逻辑表达式的值只有两个:True 和 False,其中 True 代表真,False 代表假,它们是 Python 中一种特殊的值——逻辑值。若某件事的逻辑成立,则其逻辑值为 True;若某件事的逻辑不成立,则其逻辑值为 False。计算机正是根据表达式的逻辑值是 True 还是 False 来判断这件事的真假。另外,逻辑值 True 和 False 本身表达了"真"和"假",因此我们也可以把它们看作特殊的逻辑表达式。

举个例子:

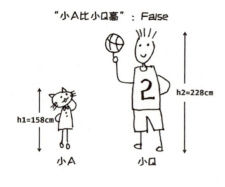

小 A 是一只非常自信的猫，小 Q 是他的朋友，小 A 总是觉得自己比小 Q 高，小 Q 觉得明明自己更高。于是他们请你来做出公正的判断。

对我们来说，我们能够直接从两人的照片来直观判断。对于计算机来说，要进行真假的判断，它首先要把这件事情表达出来。例如，如果我们用变量 h1 表示小 A 的身高，用变量 h2 表示小 Q 的身高，那么"小 A 比小 Q 高"这件事就可以表达为：

$$h1 > h2$$

上面这个式子我们很熟悉了，在数学课上也见过它，其中的 ">" 符号是数学中的大于符号，表示左边的数比右边的数大。在 Python 中，我们把它称为"关系运算符"，用来表示左右两个数据对象之间的关系。如果 h1 大于 h2，则表达式 h1 > h2 的逻辑值为 True，否则，为 False。从图中可以看到，h1 的值为 158，h2 的值为 228，代入表达式 h1 > h2 中，计算 158 > 228，得到的逻辑值应该为 False，所以"小 A 比小 Q 高"这件事不成立。

同样的道理，在程序 doctor.py 中要判断"体温大于 38℃"的条件是否成立，就是要计算这个逻辑的逻辑值是否为 True。在这句话中，包含了两个对象：一是体温，二是数字 38，这两个对象之间的关系为"大于"。用变量 temp 来表示体温，"体温大于 38℃"这句话可以这样表达：

$$temp > 38$$

如果 temp 的值大于 38，则表达式 temp>38 的值为 True，"体温大于 38℃"条件成立；反之，条件不成立。

知识卡片——逻辑值 True 和 False

True 和 False 除了可以表示一件事情的真与假、对与错，还可以用来表示"非空"与"空"。任何非 0 或者非空的数据值为 True，0 或者空的数据值为 False。比如，下面的例子中，变量 a 是一个"非空"字符串，其逻辑值为 True；变量 b 是一个 0，其逻辑值为 False。

```
a = '我不是空字符串'              b = 0
if a:                            if b:
    print('非空字符串: True')         print('0: True')
else:                            else:
    print('非空字符串: False')        print('0: False')

# 输出:   非空字符串: True        # 输出:   0: False
```

另外，在 Python 中，逻辑值 True 和 False 对应着一个整数数值，True 的默认值为 1，False 的默认值为 0。在计算机底层，以二进制数进行计算，二进制数就是由 0 和 1 组成的，对计算机来说，0 和 1 是相反的，就好比开关的"关"和"开"。

```
>>> int(True)
1
>>> int(False)
0
```

2.6.3 关系运算符

在上面的例子中，大于符号">"表达了两个数据之间的大小关系。在 Python 中，将这种用于表达数据之间关系的符号称为"关系运算符"。关系运算符所连接的这两个数据叫做操作数，比如"temp>38"这个表达式中，变量 temp 和 38 是两个操作数，符号">"是关系运算符，表达 temp 和 38 之间的关系。

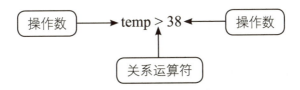

有了关系运算符，就可以让程序对病人的体温做出判断了：

```
temp = float(input('你的体温是多少度？'))
if temp > 38:
    print('病人可能是流行性感冒。')
else:
    print('病人可能是普通感冒。')
```

用变量 temp 存储病人体温，用"temp>38"表达"体温大于 38℃"

若 temp 为 36，则 temp>38 为 False；若 temp 为 39，则 temp>38 为 True。

```
>>> temp=36
>>> temp>38
False
>>> temp=39
>>> temp>38
True
```

（1）关系运算符大家族

在 Python 中，除了大于符号，还有用于表达"相等""不等""小于""小于等于""大于等于"关系的关系运算符。

运算符	说明
X == Y	相等运算符，判断 X 和 Y 是否相等。若相等，返回 True；若不等，返回 False
X != Y	不等运算符，判断 X 和 Y 是否不等。若不等，返回 True；若相等，返回 False
X < Y	小于运算符。若 X 比 Y 小，返回 True；反之，返回 False
X > Y	大于运算符。若 X 比 Y 大，返回 True；反之，返回 False
X <= Y	小于等于运算符。若 X 小于等于 Y，返回 True；反之，返回 False
X >= Y	大于等于运算符。若 X 大于等于 Y，返回 True；反之，返回 False

注意：表达"等于"的关系运算符是两个等号"=="，而不是一个等号"="。这是为了和赋值符号"="相区别。"="是赋值操作符，"=="是关系运算符。

（2）表达其他类型的数据之间的关系

在 Python 中，关系运算符不仅可以表达两个数字之间的关系，还可以表达其他类型的数据之间的关系，比如字符串。

请你想一想下面几个表达式的值是多少，并编写程序验证你的想法。

```
>>> 123 == 123                # 值为：_____
>>>'123' == '123'             # 值为：_____
>>> 123 == '123'              # 值为：_____
```

运行后发现，前两个表达式的值都为 True，而最后一个表达式的值却为 False。为什么呢？仔细一想，这其实和"披着羊皮的狼"是一回事儿，数字 123 和字符串 '123'，看起来很像，但字符串 '123' 不过是披了一层数字的外套，其本质上还是一个字符串！

数字和字符串，属于两个不同的"类型"，因此它们比较的结果自然是"不等"。

知识卡片——字符串大小的比较

在Python中，两个字符串的比较过程和多位数的比较过程相似，都是从高位开始比较。先比较两个字符串中的第一个字符，如果能够比较出大小就结束，否则就继续比较第二个字符，以此类推，直到比较出大小为止。若一个字符串中的所有字符都比较过了，而另一个字符串还有字符，则认为另一个字符串大。

在字符串中，字符之间是怎么比较大小的呢？我们知道，计算机中字符串都被编码成了数字。所以字符之间比大小其实就是在比较其ASCII码值。例如：字符"a"的ASCII码值是97，字符"b"的ASCII码值是98，因此"a"<"b"。

用关系运算符比较其他类型的数据，如本书后面会讲到的列表、元组，也是类似的比较过程。在下面的示例中，右边是列表的大小比较，如果你还不了解它们是什么意思，没有关系，在后面的学习中，你会慢慢认识它们的。

```
>>> 'abc'<'k'
True
>>> 'abc'>'aac'
True
>>> 'abcd'>'abc'
True
```

```
>>> [1,2,3]<[1,2,10]
True
>>> [1,2,3]>[1,2]
True
>>> [1,2,3]<[2,2,3]
True
```

在大白医生程序中，我们用"=="关系运算符判断病人回答的是"Y"还是"N"：

```
bisai = input('请问你是否鼻塞？（是则输入Y，否则输入N）')
if bisai == 'Y':
    biyang = input('请问你是否鼻痒？（是则输入Y，否则输入N）')
```

想一想

如果病人在输入是或否时，输入了小写的"y"，而不是大写的"Y"，程序就不会将之判断为"是"了，请你想一想，可以怎样解决这样的问题呢？

在 Python 中，字符串的 upper() 方法可以将字符串中的所有字母转化为大写字母，lower() 方法可以将字符串中的所有字母转化为小写字母。

因此，我们可以先通过 upper() 方法，将用户输入的内容转化为大写字母，再判断用户想表达的是"是"还是"否"。这样，不管用户输入的是"Y"还是"y"，都会被判断为"是"。

```
bisai = input('请问你是否鼻塞？（是则输入Y，否则输入N）').upper()
if bisai=='Y':
    print('病人鼻塞。')
else:
    print('病人不鼻塞。')
```

2.7 大白医生如何诊断复杂症状？

现在，大白医生能通过条件控制语句进行简单的条件判断。但是诊断病情时往往需要综合考虑病人的多种症状。例如，通过编程让大白医生进行如下图所示的病情推理：在进行第一次判断后，若病人不鼻痒，则继续进行第二次判断，判断体温是否高于38℃。

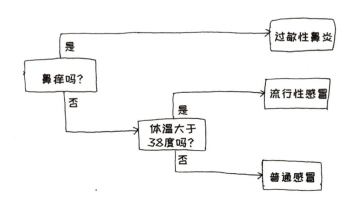

2.7.1 条件嵌套

就像树枝从主干分了岔之后，在枝干上也可以继续分出更小的枝干一样，在复杂的病情推理过程中，需要在一次判断之后继续进行判断。在程序设计中，也可进行类似的条件嵌套。

所谓"嵌套"，就是像俄罗斯套娃一样，把一个条件语句块嵌套在另一个条件语句里，我们可以把嵌套在里面的条件语句块看作一个整体。

```
biyang = input('请问你是否鼻痒？（是则输入Y，否则输入N）').upper()
if biyang=='Y':
    print('你可能是过敏性鼻炎。建议尽量远离过敏源，并经常清洗鼻腔。')
else:
    temp  = float(input('你的体温是多少度？'))
    if temp>=38:
        print('你这是流行性感冒。我会为你开点药，注意房间的通风。')
    else:
        print('你这是普通感冒。建议你多喝热水。祝你早日康复！')
```

（外层判断 / 内层判断）

2.7.2 elif——处理多种情况

在 if-else 语句中，程序只有两条路可选，但事实上，就像一个路口可能有 3 条、4 条或者更多岔路口一样，我们也可以在条件控制语句中增加多条可选道路。在 Python 中，通过 elif 关键字可以增加程序的岔路，提供更多选择。elif 语句和 if 语句一样，其后需紧跟一个判断条件，当这个判断条件得到满足时，就执行其子句。

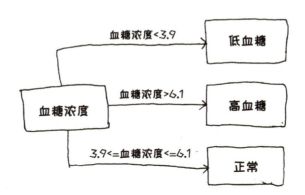

例如，正常人的血糖范围在 3.9 ～ 6.1mmol/l，低于 3.9mmol/l，则为低血糖；高于 6.1mmol/l，则为高血糖。大白医生得知某病人的血糖后，需判断该病人是低血糖、高血糖还是正常。因此，我们可以用 elif 关键字增加一个条件分支：

```
if bsug < 3.9:
    print('病人可能为低血糖。')
elif bsug > 6.1:
    print('病人可能为高血糖。')
else:
    print('病人血糖正常。')
```

> **知识卡片——条件控制语句的执行顺序**
>
> 从 if 语句的判断条件开始，若 if 语句的判断条件得不到满足，则跳到下面第一个 elif 语句，若还是不满足其判断条件，则继续跳到下一个 elif 语句，直到终于满足某一个条件，才执行该条件下的语句。
>
> 在 if 语句之后，可以用许多个 elif 语句来增加多条岔路。若程序检查完所有 elif 的条件，没有一个可以满足，才会执行最后的 else 下面的子句。所以，无论有多少个 elif，else 都一定要放在最后，而不能放在 elif 之前。
>
> 当然，你也可以省略 else 语句，这样程序最终会直接进入判断语句之后的语句，并继续向下执行。

2.7.3 人工智能之专家系统

专家系统，是一种掌握了某一领域的知识和经验，并能够像人类专家一样去解决该领域实际问题的计算机程序系统。智能诊病机器人是人工智能中的一种专家系统，可以像医生一样运用医学领域的专业知识为病人诊病。

想一想

在人类世界里，专家何以成为专家？

要成为专家，首先得有丰富的知识，博览群书，见多识广；其次得有一个智慧的头脑，能够有效地提取知识并通过逻辑推理找到解决方案。对于计算机来说，要让它成为像人类一样的专家，以上两点必不可少。对应的，"知识"就是知识库，"头脑"就是推理机。另外，除了核心的知识库和推理机，专家系统一般还包括人机交互界面、数据库、解释器和知识获取工具。下面会简单介绍一下专家系统，如果你感兴趣，可以进行进一步学习。

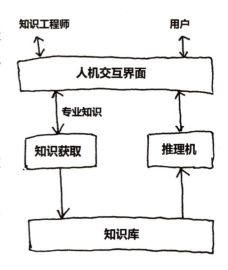

人机交互界面：实现用户和专家系统交流的途径。

知识库：知识库是专家系统的核心部分。知识库中，知识需要以一定的形式表达。举个例子："如果病人鼻塞且鼻痒，则可能是过敏性鼻炎"就是一个知识，并且是一个用规则来表示的知识，具有 if…then…（如果…那么…）结构。当 if 后面的条件满足时，就会触发 then 后面的内容，执行相应的行为。人工智能中，知识的表示形式除了规则，还有框架、语义网络等。

在大白医生中，其知识库如下所示：

if 鼻塞 and 鼻痒 then 过敏性鼻炎

if 鼻塞 and 不鼻痒 and 体温高于 38℃ then 流行性感冒

if 鼻塞 and 不鼻痒 and 体温不高于 38℃ then 普通感冒

if 咳嗽 and 体温高于 38℃ then 流行性感冒

if 不咳嗽 and 体温不高于 38℃ then 普通感冒

由于笔者的医学知识有限，大白医生的知识库尚不完善，以上仅作学习使用，方便了解专家系统大致的模样。专家系统的建立需要该领域真正的专家参与。

推理机：推理机就像专家解决问题时的思维方式或推理过程。通过推理机，知识库才能实现其价值。上面的病情推理图，就是一个简单的推理机。

推理方式：我们创建出的大白医生的推理机，是由原始数据出发，按照一定的逻辑，逐步推断出结论的方法，是一种正向推理。除此之外，在众多专家系统中，还有反向推理、混合推理等推理方式。

做一做

现在，请完善大白医生，增添的规则越多，大白医生的知识越多，它就会越强大。

2.8 大白医生如何给出诊病结果？

当大白医生为病人诊断之后，需要向病人报告诊病结果、治疗方案及注意事项等。例如，若病人"大华"所患疾病为流行性感冒，大白医生需输出以下内容。

大华，你可能患了流行性感冒。适用药品：白云山星群夏桑菊颗粒、莲花清瘟胶囊、维生素 C 片等，建议卧床休息，多饮开水，定期监测体温，清淡饮食。

可以看到，对于不同的病症，会有不同的适用药品和注意事项。如果其中的适用药品或注意事项需要更改，代码更改起来就会比较麻烦。这时，我们不妨将适用药品和注意事项分别放在两个变量之中，再以变量形式输出诊断结果，这样，当需要修改适用药品和注意事项的具体内容时，只需修改变量即可。例如，我们可以这样输出诊断结果：

```
disease = "流行性感冒"
med = "白云山星群夏桑菊颗粒、莲花清瘟胶囊、维生素C片"
sug = "卧床休息，多饮开水，定期监测体温，清淡饮食"
name = input("请问你叫什么名字？（请输入姓名）")
print(name+"，你可能患了 "+disease+"。适用药品："+med+"，建议 "+sug)
```

❓ 想一想

当要输出的内容中穿插了较多变量时，有哪些地方容易出错？ 如果你来设计 Python 语言，有什么更好的主意吗？

当要输出的内容中穿插了较多变量时，整个句子就被打碎了，容易造成书写错误或句子格式错误。尤其是当变量中有数字时，还需要 str() 函数将其转化为字符串。但是别担心，Python 设计者为字符串对象设计了一个控制格式的方法——format() 方法。

📖 2.8.1 字符串的格式化方法——format()

所谓格式化，就是让字符串以某一设定好的"格式"输出，句子中的可变内容用"{}"进行占位。上面的例子中，我们要输出的字符串格式为：

```
"{}，你可能患了{}。适用药品：{}，建议{}。"
```

接下来，再将所有变量按照它们在句子中出现的顺序，一同放在字符串格式的后面：

```
"{}，你可能患了{}。适用药品：{}，建议{}。".format(name,disease,med,sug)
```

当程序运行时，第 1 个 {} 被替换成第 1 个变量 name，第 2 个 {} 被替换成第 2 个变量 disease，以此类推。

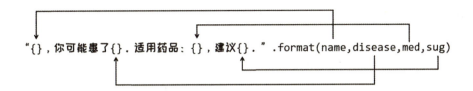

让我们把这个句子输出：

>>> print("{},你可能患了{}。适用药品：{},建议{}。".format(name,disease,med,sug))
>>> 大华,你可能患了流行性感冒。适用药品：白云山星群夏桑菊颗粒、莲花清瘟胶囊、维生素C片,建议卧床休息,多饮开水,定期监测体温,清淡饮食。

当然，我们也可以直接将 format 里面的变量换成具体的值：

"{},你可能患了{}。适用药品：{},建议{}。".format(name," 流行性感冒 ",med,sug)

此外，为了控制输出格式，Python 还提供了以下几种格式化输出方式，请通过下面几个例子总结一下这些输出方式的规则各是什么？

（1）带序号的 format()：

>>> '{0} 和 {1}'.format(' 我 ',' 你 ')
我和你
>>> '{1} 和 {0}'.format(' 我 ',' 你 ')
你和我

输出规则：

_____

（2）带标签的 format()：

>>> ' 我是 {name}, 有 {num} 个兄弟姐妹 '.format(name=' 大熊 ', num=5)
我是大熊, 有 5 个兄弟姐妹

输出规则：

_____

（提示：字符串中花括号里的变量名就是"标签"）

（3）序号标签混合使用的 format()：

>>> ' 今天是 {0} 月 {1} 日，天气 {weather}'.format(10,5,weather=' 晴 ')
今天是 10 月 5 日，天气晴

输出规则:

本章小结

在这一章里,我们通过 input() 函数实现了一种信息输入——键盘输入,利用变量来存储信息。赋值操作就是给内存中的某个对象取个名字,使这个名字指向内存中对象所在的位置。因此,变量可以表示一个值的抽象概念,也可以存储计算结果。在诊病过程中,我们利用条件判断语句来让程序按照规定的诊病逻辑运行。条件判断语句是程序设计中经常使用的逻辑结构语句,专家系统中的推理机主要就是通过条件判断语句来构造的。

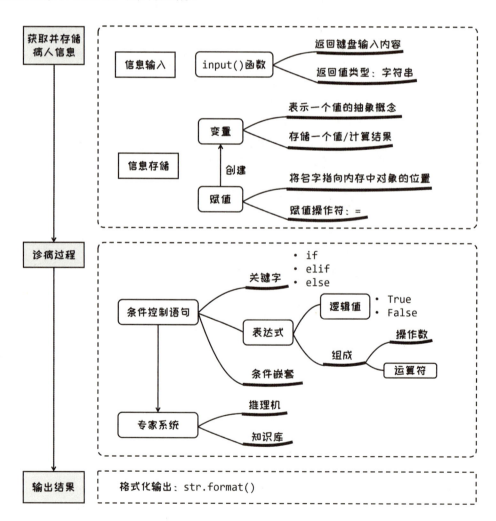

练一练

1. 下列算式的值为 False 的是（ ）。

    A. 2+1>=3   B. 10.0==10   C. 3!='3'   D. 10%2>0

2. 下列不属于选择结构关键字的是（ ）。

    A. if   B. if…else   C. if…elif…else   D. while

3. 有 3 个变量：a=1、b=2、c=3，现在我们想交换变量的值，b 的值给 a，c 的值给 b，a 的值给 c，请问应该如何编写代码？

4. 编写程序实现：输入摄氏温度值输出华氏温度值。（提示：华氏温度 = 摄氏温度 ×9÷5+32，华氏温度的单位为 F）

5. 编写程序实现：让用户输入小 A、小 Q、小 M 三个人的身高，判断并输出三个人中谁最高。

自我评价表

⭐ 我的程序设计具有特色	☐
⭐ 我在程序设计中尝试了新的语法	☐
⭐ 我在程序设计中尝试了新的设计思路	☐
⭐ 我在程序设计中考虑了程序运行中多种可能出现的情况并做了处理	☐
⭐ 我在程序设计中解决了别人不敢碰的难题	☐
⭐ 我的程序代码逻辑清晰，具有很好的可读性，方便维护	☐

第三章 恐龙山洞

3.1 本章将会遇到的新朋友

- 模块
- while 循环语句
- 逻辑运算符
- 程序流程图
- 程序结构

3.2 游戏体验师

侏罗纪时期，那是恐龙的时代。在苍茫的大地上，在山谷丛林间，恐龙统治着这个世界！如果有一天你穿越到了侏罗纪时期，会有怎样的冒险故事等着你呢？

在本书提供的源代码文件中找到 dinosaur.py 文件，在 Python 编辑器中打开并运行。

笔者在这次冒险中，很不幸地进入了住着窃蛋龙的山洞里，结果被窃蛋龙吞进了肚子里。而我现在还能在这里写下这些文字给你看，纯属命大。亲爱的读者朋友，祝你好运！

```
C:\WINDOWS\py.exe                                          —  □  ×
现在，你来到了1亿4500万年前，侏罗纪时期。
这里有体型巨大的圆顶龙、梁龙，有凶猛的永川龙、窃蛋龙……
稍不注意，你就可能被巨大的恐龙一脚踩成一张纸片！
你跑啊跑，忽然看见前方有两个山洞。
其中一个山洞里，住着友好的食草恐龙圆顶龙，它会送你一个宝藏，助你回到21世纪。
而另一个山洞里……
住着一只贪婪又饥饿的食肉恐龙窃蛋龙，它可能会把你吞进肚子里！

你并不知道哪个山洞里住着哪只恐龙。你会选择走进哪个山洞？（1 or 2）
2
你慢慢地靠近了山洞……
山洞里非常黑，令你毛骨悚然……
突然，一只巨大的恐龙跳到了你的面前！它张开了它的嘴巴，然后……

把你吞进了肚子里！

回车结束程序
```

现在，请你以游戏体验师的身份，在体验过《恐龙山洞》游戏之后，完成下面的游戏体验报告，也可以提出你的问题和建议。

《恐龙山洞》游戏体验报告

游戏背景：

游戏规则（如何获得胜利/失败）：

游戏交互方式：

问题和建议：

　　（示例）每次游戏中，圆顶龙和窃蛋龙所住的山洞都是不确定的，圆顶龙可能住在第一个山洞中，也可能住在第二个山洞中，这样就可以增加游戏结果的不确定性。但问题是，这是如何实现的呢？

　　（示例）游戏过程比较简单，是否可以增加游戏关卡或游戏难度呢？

　　……

3.3 游戏制作人

如果你还沉浸在刚才的"恐龙山洞"的紧张气氛中,为进入了窃蛋龙住的山洞而心惊胆战,或者为进入了圆顶龙住的山洞而长舒一口气,那么现在可以放松心情了,因为接下来的你即将成为《恐龙山洞》的游戏制作人!

💡 **想一想**

思考是行动的种子。

——爱默生

在制作游戏之前,请先思考下面几个问题,也许你暂时还不能找到答案,但随着学习的深入,你将逐一解答它们。不过,建议大家先自行思考,这将有助于你理解接下来要学习的内容。

问题1:程序中怎么表示"第一个山洞"和"第二个山洞"呢?

问题2:如何确定圆顶龙和窃蛋龙各住在哪个山洞呢?

问题3:程序如何获知玩家进入了哪个山洞呢?

问题4:如何决定游戏结局呢?

3.4 安排住宿

我们知道,在游戏中,窃蛋龙和圆顶龙分别住在两个不同的山洞中,但是这一信息如何在计算机中表达呢?我们不妨用数字1和数字2来分别表示第一个山洞和第二个山洞。当然,你也可以用其他数字或者字符来表示这两个山洞,如用字符"a"表示第一个山洞,用字符"b"表示第二个山洞。

🔍 **想一想**

现在,我们用数字1和数字2来表示两个山洞,如果我们让圆顶龙住在第一个山洞，让窃蛋龙住在第二个山洞，如何用程序来表达呢？

古代的一些大户人家门前会挂一块匾，标识房子的主人，比如"李府"里住的是姓李的一家人。在给恐龙安排住宿的问题上，我们也可以用类似的方法——给两只恐龙所住的山洞分别挂上"友好山洞"和"危险山洞"的标签。

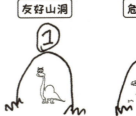

在程序设计中，这种"贴标签"的操作可以通过给变量赋值来实现。例如，表示"圆顶龙住第一个山洞，窃蛋龙住第二个山洞"的程序代码如下：

```
friendlyCave = 1
dangerCave = 2
```

知识卡片——形式化表达

利用计算机解决实际问题，最关键的是要将问题转化为可计算的形式。将现实世界中的对象、对象之间的关系，以及对对象的处理过程，用计算机能理解的方式表达出来，这叫做"形式化表达"。

例如，在"恐龙山洞"的程序中，我们用数字1表示"第一个山洞"，用数字2表示"第二个山洞"；通过赋值语句 friendlyCave=1，表达"圆顶龙住第一个山洞"。

想一想

"圆顶龙住第一个山洞，窃蛋龙住第二个山洞"的表达可以简化吗？

事实上，由于目前游戏中只有两个山洞，因此，我们只需要给其中一只恐龙住的房子贴上标签，即可表达这个信息。因为若圆顶龙住了1号山洞，窃蛋龙自然只能住2号山洞，反之亦然。于是我们可以将程序代码简化为：

```
friendlyCave = 1
```

随机安排住宿

如果在每次游戏中圆顶龙都住 1 号山洞，这个游戏就不好玩了，谁会玩一个已经知道答案的游戏呢？因此，为了保证游戏的趣味性，在每次游戏前，我们可以先让圆顶龙抽签，抽到哪号签就住哪个山洞，而窃蛋龙则住另一个山洞。

可以通过"随机数"来模拟"抽签"过程。在 Python 中，有一些和随机数相关的函数：random() 函数能产生 0 ～ 1 的随机浮点数，randint(a,b) 函数能产生 a ～ b 的随机整数（a、b 都是整数，且 a 比 b 小）。

这些函数虽然功能不同，但都是关于"随机数"的函数。为了管理和调用方便，Python 的设计者把这些功能相似的函数放在一起，组成了一个模块——random 模块。

📖 3.4.1 模块是什么？

模块就好比一个工具箱，里面装着各种各样的工具，可供我们使用。比如，random 模块就是一个用于管理随机数的"工具箱"，里面有很多"工具"，我们可以用 random 模块里的 randint(a,b) 函数来获取 a 与 b 之间的一个随机整数。

在 Python 中，模块实际上是一个可执行文件。里面有许多已经定义好的功能相似的函数、变量、类，以及一些可执行代码。

（1）模块的类型

模块有 3 种类型，分别为自定义模块、内置模块和第三方模块。

自定义模块	自己设计编写的模块
内置模块	Python 内部早已设定好的模块，可直接导入使用，如 time 模块、random 模块、os 模块、sys 模块、math 模块等
第三方模块	其他程序员设计的，并开放给大家使用的模块，需先下载至本地或通过网络连接该模块，再导入使用，如人工智能模块、数据分析模块等

（2）模块有什么作用？

- 模块是"巨人的肩膀"

人的时间和精力都是有限的，但每一个时代都不是从零开始的，我们总是在前人的基础上不断进步。借助别人已经写好的模块，能设计出功能多样的程序。

- 模块能避免重名所带来的问题

就像两个不同文件夹下可以有相同名字的文件一样，两个不同的模块里，也可以有相同名字的函数或变量。

举个例子：

小花和小明家的狗都叫"阿球"，如果你说"阿球可爱"，别人会分不清你说的是哪一只狗，但如果你说"小花家的阿球可爱"，就很清楚了。

3.4.2 模块怎么使用？

请先听我讲一个故事。

有一天，你正在修一把椅子，需要螺丝刀和钳子，但是家里没有，于是你去了五金店，看到了你需要的工具，还发现了成套的工具箱，里面有很多工具。于是你想：不如买个工具箱回去吧，这样以后需要修东西的时候找工具也方便。于是，你把工具箱买了回去，坐下来准备继续修椅子，你打开了工具箱，把里面的螺丝刀和钳子都拿了出来。

使用模块的过程，就跟你去商店买回工具箱，然后从里面拿出螺丝刀和钳子来修椅子的过程是一样的，需要先将模块导入程序，然后才能使用模块中的方法或变量。

（1）模块的导入和使用

- 第一步：导入模块

将模块导入程序，目的是将模块中的程序代码导入到自己的程序中。在Python中，我们通过关键字 import 导入整个模块：

```
import random
```

- 第二步：使用模块

模块导入成功之后，就像是把工具箱买回来了，里面的工具自然都可以为你所用。将模块导入程序后，模块中的代码都可以看成是程序的代码，模块中定义好的变量、函数等都可以被你调用。只是要记得，模块中的函数或变量需要通过"模块.成员"的形式被调用，"."是 Python 中的成员访问运算符，通过"模块.成员"，程序才能知道这些函数和变量来自哪个工具箱。

例如，导入 random 模块并调用 random 模块中的 randint(1,2) 函数。random(1,2) 要么产生一个 1，要么产生一个 2：

```
>>> import random
>>> random.randint(1,2)
1
>>> random.randint(1,2)
2
```

调用 random 模块中的 randint(1,2) 函数，产生 1 ~ 2 的随机整数

知识卡片——模块的其他导入方式

- 方式一：import 模块

导入模块中所有的内容，在程序中通过模块名调用函数/变量

```
>>> import random
>>> random.randint(1,2)
1
```

- 方式二：from 模块 import 函数/变量

导入模块中某个或某几个内容，在程序中直接调用函数/变量

```
>>> from random import randint
>>> randint(1,2)
1
```

- 方式三：from 模块 import *

导入模块中所有的内容，在程序中直接调用函数/变量

```
>>> from random import *
>>> randint(1,2)
1
```

出于对程序可读性的考虑，我们建议使用第一种方式导入模块。因为，在程序中通过模块名调用函数/变量，能让我们清楚地知道该函数/变量来自哪里，同时也能防止和程序中的其他函数/变量重名。

（2）模块的别名

有的模块的名字可能很长，调用起来十分麻烦，如果需要经常调用该模块，使用起来就很不方便了。这时我们就可以在导入模块时，通过 Python 关键字 as 给模块取一个别名。

例如，给 random 模块取一个别名 r：

```
import random as r
num = r.randint(0,1)
print(num)
```

通过 random 模块的别名 r 调用模块中的 randint() 函数。

3.4.3 随机数模块

在随机数模块中，除了 randint(a,b) 函数，还有其他一些关于"随机数"的函数。

（1）随机产生一个 0～1 的浮点数——random.random()

```
>>> random.random()
0.23987068770286768
```

random 模块的 random() 函数会返回一个 0～1 的随机浮点数，包括 0，但不包括 1，随机数范围为 [0,1)。

想一想

如果想获得一个 0～100 的浮点数，应该怎么办呢？请将你的想法写在下面的横线上。

_____

有同学提议，用 random() 函数产生一个随机数后，再将这个随机数乘以 100，就可以获得 0～100 的随机数啦！这的确是个好办法。但是，如果我想随机获得一个 50～100 的浮点数，又该怎么办呢？

（2）可以规定随机浮点数的上下限——random.uniform(a,b)

random 模块中的 uniform(a,b) 函数可以设置随机浮点数的范围。和 randint(a,b) 函数不同的是，randint(a,b) 中，a 必须比 b 小，而 uniform(a,b) 中，a 可以比 b 小，也可以比 b 大。

该函数会得到一个介于 [a,b] 或者 [b,a] 之间的随机浮点数：

```
>>> random.uniform(50,100)
90.22559253048536
```

```
>>> random.uniform(100,50)
63.30198013466063
```

做一做

现在，请你用 random 模块为两只恐龙随机安排住宿。

两只恐龙各住哪里是随机决定的，因此，"友好山洞"的代号也是随机决定的。我们可以用 random.randint(1,2) 随机产生整数 1 或 2，赋值给 friendlyCave 变量，代表随机从两个山洞中选出一个山洞，作为"友好山洞"，代码如下所示：

```
import random
friendlyCave = random.randint(1,2)
```

3.5 选择山洞

至此，山洞建成，恐龙入住，只等玩家的到来。当玩家来到恐龙山洞面前，要选择进入 1 号或者 2 号山洞，程序要如何获知这一信息呢？

你一定想到了 input() 函数，它可以接收用户的输入。

```
chosenCave = input("请选择一个山洞（输入1或2）：")
```

这样，若玩家输入 1，则表示玩家选择了 1 号山洞，chosenCave 被赋值为 "1"；若玩家输入 2，则表示玩家选择了 2 号山洞，chosenCave 被赋值为 "2"。

想一想

如果玩家不按套路出牌，输入了其他数字甚至字母，怎么办呢？

相信你一定有需要输入密码的时候吧？比如用银行卡取钱、解锁你的手机或者登录你某个游戏的账号。假如有一天，你在输入你的手机密码时，不小心输错了一个字母，会发生什么呢？系统会提示你密码错误，并要求你重新输入。如果

你重新输入密码时又输错了会怎样呢？系统会再次提示你密码错误，并要求你重新输入……直到你的密码输入正确为止。所以输入密码的过程其实像围着操场跑步一样，循环往复。

在 Python 中，条件循环语句可以控制程序像"跑圈"一样循环执行某段代码。

想一想

在解锁手机密码的时候，哪些操作被重复执行了多次？

在什么情况下需要重复执行这些操作？什么情况下不再重复执行这些操作？

3.5.1 条件循环语句

（1）条件循环语句的结构

条件循环语句，也叫 while 循环语句。while 循环语句由 while 关键字、判断条件及循环体组成。在 while 语句后面，以一个冒号":"标志其子句的开始。

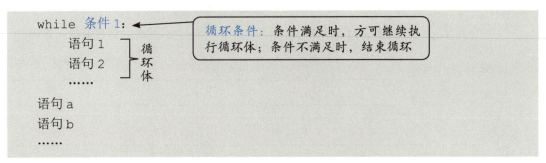

while 是"当……"的意思。当程序运行到 while 语句时，首先判断条件 1 是否成立，若条件 1 成立，则执行一次循环体（语句 1 → 语句 2 → ……）；

执行一次循环体之后，再次判断条件 1 是否成立，若条件 1 依然成立，则再执行一次循环体……如

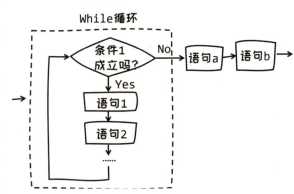

此循环往复,直到条件1不再满足,程序不再执行循环体,跳出循环,然后执行后面的语句(语句 a → 语句 b →……)。

- 利用 while 语句设置密码输入的检查机制:

```
# 变量 password 代表正确的密码
# 变量 s 代表用户输入的密码
password = '123'
s = input('请输入密码:')
while s!=password:
    s = input('密码错误,请重新输入:')
print('密码正确!')
```

> 循环条件:s!=password,即用户输入的密码不是正确的密码

想一想

在每一次循环之前,都需要判断循环条件是否满足,那么,while 条件循环语句和 if-else 条件判断语句之间有什么区别和联系呢?我们是否能用条件判断语句设计密码输入的检查机制呢?请比较下方两个程序,思考它们的执行结果有何不同,为什么?

```
# 程序 1:
password = '123'
s = input('请输入密码:')
while s!=password:
    s = input('请重新输入密码:')
```

```
# 程序 2:
password = '123'
s = input('请输入密码:')
if s!=password:
    s = input('请重新输入密码:')
```

程序 1 运行结果:_____

程序 2 运行结果:_____

while 循环语句 V.S. 条件判断语句

while 循环语句和条件判断语句一样,可以控制程序的走向,其对程序走向的控制都取决于判断条件。对 while 循环语句来说,如果条件满足,则执行循环体,否则结束循环。对条件判断语句来说,如果条件满足,则执行 if 子句,否则执行其他语句。

不同的是,循环语句中的循环体有多次机会被执行,而条件判断语句中的 if 子句最多只有 1 次机会被执行。

做一做

请用 while 条件循环设计程序，计算并输出 1 到 100 的整数之和。

（2）循环出口——确定循环条件

在 while 条件循环语句中，当循环条件满足时，将一直执行循环体内的语句，直到循环条件不再满足时才结束循环。因此，确定循环执行的条件非常重要。

假如我们设计了如下程序：输出 1 ～ 100 的整数。请想一想，第 2 行的口中应填写 100，还是 101，还是其他数字呢？

```
01. num = 0
02. while num< □ :
03.     num = num+1
04.     print(num)
```

我们不妨看一下每次循环中变量 num 的值是如何变化的，如下表所示。

循环次数	循环条件（num<？）	num=num+1	输出 num 值
1	True(0<？)	num=0+1	1
2	True(1<？)	num=1+1	2
……	……	……	……
99	True(98<？)	num=98+1	99
100	True(99<？)	num=99+1	100
101	False(100<？)		

通过分析可知：num 的初始值为 0，若循环条件为 num<100，第 100 次循环后，num 变为 100，循环条件不再满足，不再进行第 101 次循环，这样刚好输出整数 1 ～ 100。如果循环条件为 num<101，则在第 100 次循环后，num 变为 100，循环条件仍然满足，将会再次执行 num=num+1，输出 101，不符合要求。因此，循环条件应为：num<100。程序将依次循环，从而打印出数字 1，2，3，……，99，100。

想一想

1. 如果把上面程序循环条件中的小于（<）换成小于等于（<=），循环条件应是什么呢？为什么？

2. 如何设计程序，输出 1 ～ 100 的偶数？

对于上面的第二个问题，我们不妨比较一下下面这两个任务中输出的内容有何不同。

任务	输出内容									
任务一	1	2	3	4	5	6	……	97	98	99	100
任务二		2		4		6	……		98		100

可以看出，从 1 到 100，遇到奇数时跳过，就得到了 1～100 的偶数。在 Python 中，利用 continue 语句可以在循环语句中跳过某些语句，直接进入下一次循环。

（3）continue 语句

利用 continue 语句，可以循环输出 1～100 的偶数：

```
01. num = 0
02. while num<100:
03.     num = num + 1
04.     if num%2 != 0:
05.         continue
06.     print(num)
```

当 num 为奇数时，执行 continue 语句，跳过后面的 print(num) 语句，直接进入下一次循环

想要输出 1～100 的奇数，也是同样的道理，只是循环中的判断条件与此相反。

（4）break 语句

在 while 循环中，有时甚至需要直接跳出整个循环。

比如，要输出 1～100 的整数，我们还可以换一种思路：将循环结束的条件放在循环语句里，用 break 来控制循环的结束：

```
01. num = 0
02. while True:
03.     num = num + 1
04.     print(num)
05.     if num>=100:
06.         break
```

遇到 break 语句，直接跳出此 while 循环，循环结束

这里，while 循环条件为 True。如果没有意外发生，这个循环会永远执行下去。但是我们不会允许这种死循环发生，我们要让"意外"发生。第 5 行和第 6 行就是循环中的"意外"。当 num 在第 100 次循环中变成了 100，执行到第 5 行时，if 语句终于得到满足（100>=100 的值为真），从而执行第 6 行的 break 语句，跳出循环。

想一想

在输入密码时，用户可能会输错密码；在恐龙山洞中，玩家也可能会选错山洞。我们可以为密码输入过程设置检查机制，是否也可以用 while 循环为玩家选择山洞设置检查机制呢？如果可以，循环条件是什么呢？

与用户密码输入错误的问题解决办法一样，我们可以为玩家选择山洞的过程设置一个"检查机制"，以保证程序能获得一个"合法"的输入。

- 玩家选择山洞的检查机制

在《恐龙山洞》游戏中，要求玩家只能选择 1 号或 2 号山洞。因此，若玩家输入的内容"不合法"，即玩家输入的内容既不是 1，也不是 2 时，让玩家重新输入，直到玩家选择的山洞"合法"为止。此时，while 循环中包含了两个条件：

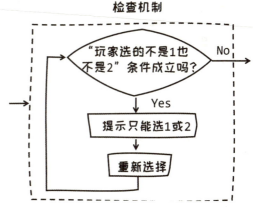

条件一：玩家输入内容不为"1"

条件二：玩家输入内容不为"2"

当这两个条件同时满足时，意味着玩家输入的内容不合法，进入循环后，玩家重新选择山洞，直到玩家选择了 1 或者 2。我们可以用"并且"来连接两个条件：

玩家输入内容不为 "1"　　并且　　玩家输入内容不为 "2"

我们已经知道如何在 Python 中表达单一的逻辑（下面代码中变量 chosenCave 存储玩家的选择）：

```
chosenCave != '1'
chosenCave != '2'
```

两个条件同时满足的逻辑应该如何表达呢？这时就要请逻辑运算符出场了。

3.5.2 逻辑运算符

在 Python 中，用逻辑运算符表达复合逻辑。例如，"如果明天是周末，而且出太阳，我们就去郊游"，这句话中包含一个复合条件："明天是周末"并且"明天出太阳"。去郊游的条件由两个条件组成：一为"明天是周末"，二为"明天出太阳"，只有当这两个条件同时满足时，去郊游的条件才能成立。除此之外，还有"或""非"的复合逻辑。 在 Python 中，"且""或""非"对应的逻辑运算符分别为 and、or、not。

- and、or 是双目运算符，需连接两个逻辑，分别表达"且""或"；
- not 是单目运算符，对一个逻辑进行取反，表达"非"。

在复合逻辑中，表达式的值是 True 还是 False，不仅取决于表达式中各个条件的真假，还取决于连接这些条件的逻辑运算符是什么。

逻辑	A 和 B 均为 True	A 为 True B 为 False	A 为 False B 为 True	A 和 B 均为 False
A and B（与）	True	False	False	False
A or B（或）	True	True	True	False
not A（非）	False	False	True	True

当条件 A 和条件 B 同时满足时，表达式"A and B"的值为 True；当条件 A 和条件 B 中有一个条件不满足时，表达式"A and B"的值为 False。于是，在 Python 中，"玩家输入内容不为 1 也不为 2"可以表达为：

```
chosenCave!='1' and chosenCave!='2'
```

于是，我们可以进一步为玩家选择山洞的过程设计检查机制：

```
chosenCave = input('请选择山洞（1 or 2）')
while chosenCave!='1' and chosenCave!='2':
    chosenCave = input('请重新选择山洞（输入1 or 2）')
print("玩家已进入 {} 号山洞 ".format(chosenCave))
```

> 循环条件：玩家输入的内容不是1，也不是2

例如，若玩家输入数字 3，chosenCave!='1' 的值为 True，chosenCave!='2' 的值为 True，因此 chosenCave!='1' and chosenCave!='2' 的值为 True，进入循环，提示玩家重新选择山洞，直到玩家输入 1（或 2），循环结束。接着执行最后一句，输出玩家已进入 1（或 2）号山洞。

做一做

用 Python 语言表达"10<20<30"，并输出其逻辑值。

想一想

chosenCave 为什么要和字符串 '1' 和 '2' 比较，而不是直接与数字 1 和 2 比较？如果想直接与数字 1 和 2 比较，应该怎么做呢？

（提示：chosenCave 的值是 input() 的返回值，是一个字符串）

3.6 揭晓结局

玩家进入山洞之后，可能有两种结局，要么获得宝藏，要么被吃掉。什么情况下获得宝藏？什么情况下被吃掉呢？

游戏的结局不确定，需要根据玩家进入的山洞来判断：

若玩家进入了"友好山洞"，则获得宝藏；

否则，就被吞进肚子里。

这是一条二叉路，程序将走向哪一条路，取决于是否满足判断条件"玩家进入了友好山洞"。

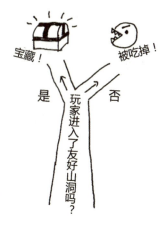

想一想

请分析一下"玩家进入了友好山洞"这一条件中包含了哪些对象？这些对象之间的关系是什么？如何用 Python 语言表达这一条件？

我们分析一下条件"玩家进入了友好山洞"，可以发现条件中包含了两个对象：

一是"玩家进入的山洞",二是"友好山洞",它们之间的关系是"相等"。

将条件中的对象和它们之间的关系放在表格中分析,请你将下面的表格补充完整(在下表的变量中,变量名后面的括号内为注明的变量类型)。

项目中的对象	变量
圆顶龙住的山洞	friendlyCave(int)
玩家进入的山洞	chosenCave(str)

对象之间的关系	表达式
玩家进入了圆顶龙住的山洞	chosenCave == str(friendlyCave)
玩家进入了窃蛋龙住的山洞	

知识卡片——抽象

程序设计中,提取出信息中的对象及对象之间的关系很重要。抽象需要我们排除信息中的干扰因子,提炼出问题的本质。

抽象是对问题进行分析的过程,你需要在阅读信息的过程中不断问自己:这些信息中存在哪些对象?这些对象之间有什么关系?对这些对象进行了什么操作?……就像写故事时需要明确故事的时间、地点、人物、事件一样,分析问题也需要提取出问题中的关键要素。尝试用自己的话转述信息,是一种很棒的思维训练方法。

例如,"玩家进入了友好山洞"可以转述为:"玩家进入的山洞是友好山洞"。

将判断条件用 Python 语句表达出来之后,我们便可以继续设计程序,根据玩家的选择,确定游戏结果。

由 input() 获得,字符串变量　　　由 random.randint(1,2) 获得,整数变量

```
if chosenCave == str(friendlyCave):
    print(' 获得宝藏 ')
else:
    print(' 被吞进肚子里 ')
```

值得注意的是，chosenCave 变量为 input() 返回值，是字符串变量；friendlyCave 通过 random.randint(1,2) 获得，是整数型变量，两者不可直接比较，需通过 str() 函数将 friendlyCave 变量转换为字符串变量。

当玩家选择的山洞是友好山洞，程序执行 print(' 获得宝藏 ')；

否则，程序执行 print(' 被吞进肚子里 ')。

3.7 氛围设计之延时功能——time 模块

在游戏设计中，氛围的创建很重要，它影响着玩家玩游戏时的感受。

"延时"的设计能为游戏创设一种紧张的氛围，让游戏显得更加生动。在 Python 中，有一个负责时间管理的模块——time 模块，其中的 sleep() 函数能实现延时功能。

从 sleep 的字面意思，你可能已经猜到了，time.sleep() 是一个让程序"睡觉"的函数。我们说过，程序运行时，执行完上一条语句就会执行下一条语句，而 time.sleep() 能延迟下一条语句开始执行的时间，好比让程序打一小会儿盹，在它睡醒之后，再继续执行下一条语句。

time.sleep() 中，可以填入一个参数，表示程序"睡觉"的时长，单位是"秒"。比如 time.sleep(1)，会使程序暂停 1 秒。延时可以让故事中的句子一句一句地慢慢呈现出来，为我们的游戏增添悬念感，使其更加生动、有趣。

```
import time
print('1 秒前 ')
time.sleep(1)
print('1 秒后 ')
```

3.8 成竹在胸——程序流程

诗人苏轼曾在其一篇文章中写道:"故画竹,必先得成竹于胸中,执笔熟视,乃见其所欲画者,急起从之,振笔直遂,以追其所见,如兔起鹘(hú)落,少纵则逝矣。"意思是说,画竹子,必得先在心中构思好竹子的样子,到下笔时,便可行云流水般地把竹子画将出来。

程序设计也同作画一样,先画什么,后画什么,有一定的顺序,而这个顺序就是"流程"。在程序设计中,"流程图"就是帮助我们把程序设计的"流程"呈现出来的一种工具,是整个程序的一张蓝图。当然,这张蓝图并不唯一,沿着不同的思路,就会画出不同的流程图。

知识卡片——程序流程图

在程序设计之前,我们可以用一些标准的符号描述程序的运行流程,方便程序员对输入输出数据和处理过程进行详细分析,也便于程序员之间进行交流,是程序设计的基本依据。程序流程图由不同形状的框框组成,所以也叫程序框图。

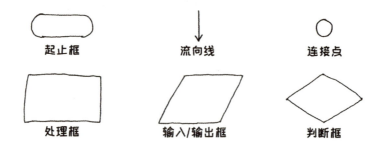

做一做

现在让我们试着为"恐龙山洞"游戏设计出它的程序流程图吧。

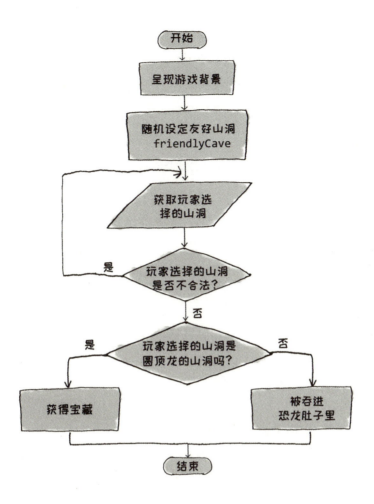

程序结构

在程序设计中,顺序结构、循环结构和选择结构是常见的 3 种结构。

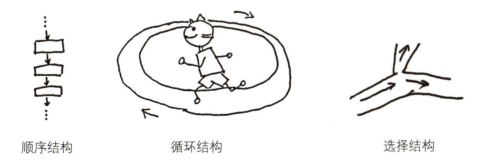

顺序结构　　　　　循环结构　　　　　　　　选择结构

(1) 顺序结构

从上往下,一步一步地按顺序往下执行。在选择结构和循环结构中也会有顺序结构。

（2）循环结构

这一章的"恐龙山洞"中，我们在设计玩家选择山洞的检查机制时，程序并不是从上到下顺序执行，若玩家输入的内容"不合法"，程序需要提示玩家重新输入，输入的语句被循环执行，便是循环结构。

（3）选择结构

上一章大白医生的推理机中，程序会根据"病人"的情况推理出不同的结论，执行不同的语句，是选择结构；这一章"恐龙山洞"游戏中，程序会根据玩家的选择给出不同的结局，执行不同的语句，也是选择结构。

执笔作画

如果你已经为"恐龙山洞"画出了程序流程图，说明你已"成竹在胸"，接下来可以开始"执笔作画"，设计程序代码了。以下示例代码可供参考，但是建议你先根据自己所画的程序流程图，尝试独立编写程序，这样你会更能体悟到程序的逻辑和美妙之处。

```
01. import random
02. import time
03.
04. # 游戏背景呈现
05. print('现在，你来到了1亿4500万年前，侏罗纪时期。')
06. time.sleep(1)
07. print('这里，有体型巨大的圆顶龙、梁龙，有凶猛的永川龙、窃蛋龙……')
08. time.sleep(2)
09. print('稍不注意，你就可能被巨大的恐龙一脚踩成一张纸片！')
10. time.sleep(2)
11. print('你跑啊跑，忽然看见前方有两个山洞。')
12. time.sleep(2)
13. print('其中一个山洞里，住着友好的食草恐龙圆顶龙，它会送你一个宝藏，助你回到21世纪。')
14. time.sleep(2)
15. print('而另一个山洞里……')
16. time.sleep(1)
17. print('住着一只贪婪又饥饿的食肉恐龙窃蛋龙，它可能会把你吞进肚子里！')
18. time.sleep(2)
19. print()
20.
21. # 随机设定友好山洞的编号
```

```
22. friendlyCave = random.randint(1,2)
23.
24. #玩家选择山洞
25. chosenCave = input('你并不知道哪个山洞里住着哪只恐龙，你会选择走进哪个山洞？（1 or 2）')
26. while chosenCave!='1' and chosenCave!='2':
27.     chosenCave = input('请重新选择山洞（1 or 2）')
28.
29. #玩家进入山洞
30. print('你慢慢地靠近了山洞……')
31. time.sleep(2)
32. print('山洞里非常黑，令你毛骨悚然……')
33. time.sleep(2)
34. print('突然，一只巨大的恐龙跳到了你的面前！它张开了嘴巴，然后……')
35. print()
36. time.sleep(2)
37.
38. #根据玩家的选择和山洞情况书写游戏结局
39. if chosenCave == str(friendlyCave):
40.     print('把它的宝藏送给了你！')
41. else:
42.     print('一口把你吞进了肚子里！！！')
43. print()
44.
45. input("回车结束程序")
```

随机产生1到2之间的整数

玩家输入内容的检查机制，只能输入1或2，否则就得重新输入

使用if-else语句进行条件判断

3.9 游戏升级任务

游戏升级委托书

亲爱的游戏制作人：

你好！

关于"恐龙山洞"这款游戏，有玩家希望能加入更加精彩的剧情、更加有趣的故事。我们需要你来协作完成"恐龙山洞"游戏的升级。在这次的升级任务中，你需要完成以下内容。

1. 增加山洞的数目，玩家进入不同的山洞，会有不同的结局；

2. 增加进入山洞后的剧情，如进入某个山洞后，需经历恐龙的问题考验，考验通过才可获得宝藏。

除以上要求之外，你可以充分发挥想象，设计自己的游戏规则和游戏剧情，带给玩家不一样的游戏体验。

亲爱的游戏制作人，请首先在下方空白处写下你的想法，然后动手编程实现它，创造一个崭新的游戏世界吧！

游戏剧情：　　　　　　　　　　游戏角色：

游戏规则：　　　　　　　　　　游戏交互方式：

其他：

亲爱的游戏制作人，为梳理你的编程思路，你可以在下方空白处先画出你的程序流程图。

3.10 现实链接

》》》链接 1：math 模块——数学计算工具

在 Python 中，math 内置模块中提供了很多数学函数和相关变量，方便我们进行数学运算。例如：

```
>>> import math
>>> math.pi
3.141592653589793
>>> math.sin(math.pi/2)
1.0
>>> math.sqrt(9)
3.0
>>> math.pow(2,3)
8.0
```

- `math.pi` ← π
- `math.sin(math.pi/2)` ← $\sin(\pi/2)$
- `math.sqrt(9)` ← $\sqrt{9}$
- `math.pow(2,3)` ← 2^3

不知你是否还记得第一章中买鸡蛋的故事？那时我们用 int() 函数来计算 50 元可以买多少袋鸡蛋。要将一个浮点数变为整数，除了用 int() 函数，还可以使用 math 模块中的 floor() 函数向下取整：

```
import math
print('小A：奶奶，鸡蛋怎么卖？')
print('奶奶：鸡蛋20元一袋，一袋15枚，不单卖哦。')
print('小A：我有50元，最多可以买多少枚鸡蛋呢？')
num = math.floor(50/20)*15
print('奶奶：' + str(num) + '枚。')
```

- 向下取整

```
>>> import math
>>> math.floor(2.9)
2
```
← math 内置模块中的 floor() 函数

- 向上取整

```
>>> import math
>>> math.ceil(2.1)
3
```
← math 内置模块中的 ceil() 函数

- 四舍五入

```
>>> round(2.4)
2
>>> round(2.6)
3
```
← Python 内置函数 round()，不属于 math 模块

》》》链接2:计算机模拟"扔硬币"

请设计程序,让计算机模拟抛1000次硬币,并计算抛出正面的概率。

提示:问题中有哪些对象?对象之间有怎样的关系?如何表达这个问题?请填写下面的表格,设计模拟抛硬币的程序流程图,并编写程序完成计算机模拟(可以自由调整表格)。

- 对象编码

对象	编码
硬币正面	1
硬币反面	0

- 对象表征

问题中的对象	变量
抛硬币的结果	result(int 型)

- 对象关系表征

对象之间的关系	表达式
抛硬币的结果是正面	
抛硬币的结果是反面	

- 对象处理过程表征

对象处理过程	程序指令
抛硬币	result = random.randint(0,1)
计算抛出正面的概率	

- 完善程序流程图

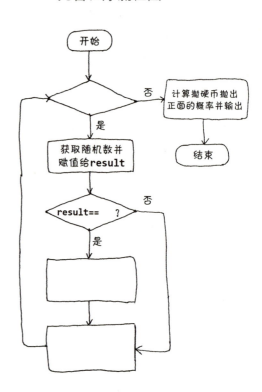

- 程序设计示例

```
import random

up_n = 0  # 记录扔出正面的次数
total_n = 10000  # 代表实验总次数
cnt = 1  # 记录实验次数，初始为1

while cnt<=total_n:
    result = random.randint(0,1)
    print(result)
    if result==1:
        up_n = up_n +1
    cnt = cnt + 1

p = up_n/total_n
print('扔出正面的概率为：'+str(p))
```

> 随机产生0或1。0代表扔出反面，1代表扔出正面。若扔出正面，正面次数＋1。每次实验后，cnt自动增1，用以记录实验次数，当实验次数达到总次数后，就不再扔硬币了，结束循环，计算概率

本章小结

在这一章里，我们设计了"恐龙山洞"的小游戏，认识了三种程序结构：顺序结构、条件结构和循环结构，这些结构共同组合、嵌套，表达出不同的逻辑，构成一个个具有不同功能的程序。while 条件循环语句属于循环结构，其中的语句可重复执行多次，循环的结束由其循环条件所控制。while 条件循环语句和之前学到的 if-else 条件判断语句都需要进行逻辑判断，逻辑表达式的真假值代表着条件是否成立，关系运算符、逻辑运算符都是逻辑表达的重要组成部分。此外，模块的引入让程序编写更加简便，利用已有的模块能简化许多程序代码。

程序就像我们的人生一样，不会永远一帆风顺、顺序执行。有时我们会面临选择，有时可能会在一个地方原地打转，但也正是因为有了这些时刻，生命才更加精彩不是吗？在程序的世界里，也正因为有了选择和循环，我们的作品才更加有趣！

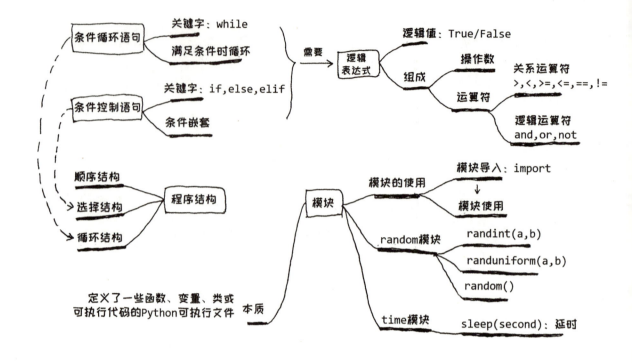

练一练

1. 下列运算中判断为 True 的是（　　）。

   A. not True　　　　　　　　　　B. 9<4

   C. 9<4 or 4*5==20　　　　　　　D. 3>2 and 4>8

2. 下列说法不正确的是（　　）。

   A. 条件循环语句中关键字为 while

   B. 条件循环语句和条件控制语句都需要进行条件判断

   C. 当条件满足时，循环结束

   D. 在条件循环中，可以通过 break 语句直接跳出循环

3. 以下模块导入方式不正确的是（　　）。

   A. import random as r

   B. from math import *

   C. from time import sleep

   D. from sleep import time

自我评价表

⭐ 我的游戏设计具有特色	☐
⭐ 我在程序设计中尝试了新的语法	☐
⭐ 我在程序设计中尝试了新的设计思路	☐
⭐ 我在程序设计中考虑了程序运行中多种可能出现的情况并做了处理	☐
⭐ 我在程序设计中解决了别人不敢碰的难题	☐
⭐ 我的程序代码逻辑清晰，具有很好的可读性，方便维护	☐

第四章 迷宫大作战

4.1 本章你将会遇到的新朋友

- turtle 绘图模块
- 自定义函数
- 全局变量和局部变量
- 递归算法

4.2 游戏规则

这一章里,你可以邀请你的小伙伴来一起参加迷宫设计大赛,比比看谁能最快设计并绘制出好玩又有趣的迷宫。别忘了设计完迷宫之后,还可以互相交换迷宫,看看对方能不能走出你设计的迷宫,绘制出正确的路线图呢?

假设我们设计了这样一个迷宫,如下图。想一想:应该如何绘制它呢?你找到走出迷宫的路线了吗?该如何设计走出迷宫的程序呢?

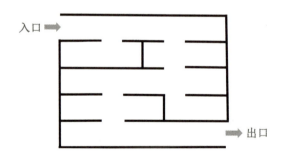

4.3 谁来绘制迷宫?

📖 会画画的"海龟"——turtle 模块

turtle 模块是 Python 的内置模块,turtle 模块就像一个绘画工具箱,里面有很多绘画工具,我们在使用这些绘画工具之前,需要先将模块导入到程序中。

（1）创建海龟对象

turtle 模块中的 Turtle() 方法可以创建一个海龟对象，该方法属于 turtle 模块，可以通过成员访问运算符"."被调用。创建的海龟对象拥有 turtle 类的所有属性和方法。

```
import turtle
t1 = turtle.Turtle()  # 第一个海龟对象
t2 = turtle.Turtle()  # 第二个海龟对象
```

通过 Turtle() 模块创建的是一个"海龟"对象，可将其看作绘画的画笔，上面的程序中，我们创建了两个"海龟"对象，t1 和 t2，就好比拥有了两支画笔。当我们创建了一个"海龟"对象，保存并运行程序之后，将弹出一个新的窗口，它就是我们作画的"画布"，正中间的小三角形就是我们作画的"画笔"——海龟对象。这里，t1 和 t2 两个"海龟"重合在了一起。

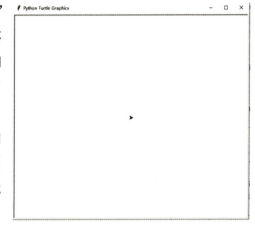

t1 和 t2 都具有"海龟"这个类中的所有属性和方法，比如前进、后退、设置画笔颜色、设置画笔粗细等。当我们调用"海龟"类中的这些方法时，需要通过成员访问运算符"."，以"对象.成员"的形式调用里面的方法，就像我们调用字符串的 upper() 方法一样。

```
# 调用字符串对象中的 upper() 方法：
>>> s='hello'
>>> s.upper()
'HELLO'
```

```
# 调用海龟对象中的 forward() 方法：
>>> import turtle
>>> t1 = turtle.Turtle()
>>> t1.forward(100)
```

（2）设置海龟造型

初来乍到时，海龟的默认造型是"箭头"，但是我们可以通过 shape() 命令改变海龟的造型。例如，我们先将 t1 的造型设置为海龟：t1.shape('turtle')。

shape() 中的参数是造型的名字，通过传入字符串参数，可以设置不同的画笔形状：

方法	海龟造型
shape('circle')	圆
shape('square')	方块
shape('triangle')	三角形

(3) 隐藏画笔

如果你不希望画笔出现在画布上，你也可以通过 Turtle 模块中的 hideturtle() 方法将画笔隐藏起来。

方法	功能
hideturtle()	隐藏画笔

(4) 移动 & 转向

turtle 模块中，"海龟"对象可以通过下面的方式移动或转弯：

方法	功能
forward(distance)	向当前画笔方向移动 distance 像素长度
backward(distance)	向当前画笔相反方向移动 distance 像素长度
right(degree)	向右转动 degree 度
left(degree)	向左转动 degree 度

做一做

请你用 turtle 模块绘制一个 120°的角
（可先在下方空白处写下你的绘制思路）。

绘制思路：

- 120°角绘制代码示例（答案不唯一，仅作参考）

```
import turtle
t = turtle.Turtle()
t.forward(100)
t.left(60)
t.forward(100)
```

? 想一想

现在你可以控制画笔在画布上画出直线，并进行转向，实现示例迷宫的绘制了吗？如果可以，请你尝试绘制；如果不可以，请提出你的问题和思考，写在下面的横线上。

_____

> 观察所给的示例迷宫，可以发现一些问题，具体如下。
> ① 仅有一个简单的图，但迷宫各条边是多长、迷宫处在画布的什么位置，这些信息都不清楚。一个合格的设计图应该标明具体的数值，就像建筑师的图纸一样，只有这样，实施者才能准确理解设计者的设计意图。
> ② 示例迷宫并非一个可以一笔画出的连续图形，如何画出不连续的线段呢？
> 接下来，我们一起来解决这些问题。

（5）画布坐标系：迷宫的边长，迷宫的位置

地理上，我们给地球划分了经线和纬线，于是便可通过经线和纬线确定地球上每一个点的位置；数学中，我们通过建立横坐标和纵坐标，确定一个平面上的任意一个点；在 turtle 模块的画布中，也有一个画布坐标系，通过它，就可以确定画布中每个点的位置，以及点与点之间的距离。

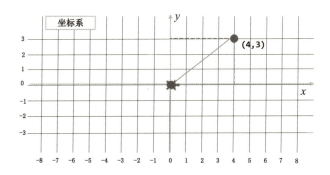

在画布中，圆点处于画布的正中心，x 轴水平向右，y 轴垂直向上。画布中每一个点的位置都可以用 (x,y) 来表示。其中，x 是横坐标，y 是纵坐标。有了坐标系，我们便可以完善最初的迷宫设计图，如下图所示，迷宫将被绘制在画布的右上方，即第一象限中。

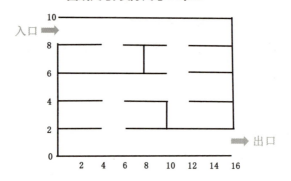

其中,"图纸尺寸/实际尺寸:1/20",表示实际尺寸是图中所绘尺寸的 20 倍。例如,迷宫右下角点的实际坐标为 (16*20,0*20),即 (320,0);迷宫底边实际长度为 16*20,即 320。这样做是为了使画面显得更简洁。

另外,当"海龟"对象被创建时,其初始位置为画布正中央 (0,0),即坐标系原点位置;其初始方向为水平向右,即 x 轴正方向。

在坐标系中,以 x 轴正方向作为 0°角。

(6) 设置画笔位置和方向

不得不说,坐标系真是个好东西。有了它,我们便可以随意调整画笔的位置和方向:

方法	功能
goto(x,y)	将画笔移动到横坐标为 x,纵坐标为 y 的位置
setheading(angle)	设置画笔方向与 x 轴正方向的夹角为 angle

(7) 抬笔落笔:非连续图形

非连续的图形不能一笔画完,需将画笔抬起,移动到指定位置后再继续作画。在 turtle 模块里,提供了抬笔和落笔的函数——penup() 和 pendown():

方法	功能
penup()	抬起画笔
pendown()	放下画笔

做一做

请你用 turtle 模块绘制两条相距 10 像素的平行线,两条平行线的长度为 100(请先在下方空白处写下你的绘制思路)。

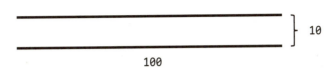

绘制思路:

- 平行线绘制代码示例(答案不唯一,仅供参考)

```
import turtle
t = turtle.Turtle()
t.forward(100)          ← 绘制第一条平行线
t.penup()           ┐
t.goto(0,10)         ├ 抬笔 - 移动到第二条平行线的左端 - 落笔
t.pendown()          ┘
t.forward(100)          ← 绘制第二条平行线
t.hideturtle()          ← 隐藏画笔
```

4.4 迷宫绘制思路

现在,请你想一想,绘制迷宫时,按照什么顺序绘制才能够保证迷宫的各条边不重、不漏?如何设计程序?请在下方空白处写下你的绘制思路。

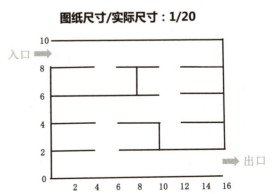

绘制思路：

观察示例迷宫，不难发现，它是由一些水平的横线和垂直的纵线构成的。若我们随心所欲地画这些线，难免出现画了这个、忘了那个的情况。因此，为了保证作画过程有条不紊，我们不妨先将所有横线画出，再将所有纵线画出，绘制横线时遵照从下往上的顺序，绘制纵线时遵照从左往右的顺序。

为了便于检查程序中的错误，我们可以为每一条线设置编号，如下图所示：

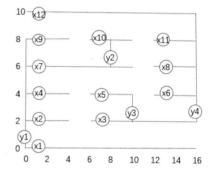

- 迷宫绘制代码示例（答案不唯一，仅供参考）

```
import turtle
t = turtle.Turtle()
t.hideturtle()
#x1
t.forward(16)
#x2
t.penup()
t.goto(0,2)
t.pendown()
t.forward(4)
#x3
t.penup()
t.goto(6,2)
t.pendown()
t.forward(9)
#x4
t.penup()
t.goto(0,4)
t.pendown()
t.forward(4)
……
```

注意：上面代码仅写出了 x1-x4 线段的绘制代码作为示范，并未写出完整的代码。（而没有写完的原因大概也是笔者觉得它实在太长了！）

想一想

可以看出，这样写程序，程序代码会很长，写起来也会很累。迷宫大作战的游戏规则是"以快取胜"，这样写下去，将会浪费大量的时间。有什么办法能简化程序，赢得比赛吗？

4.5 如何简化迷宫绘制的程序？

让我们先看一个故事：

A 开了家面馆，面馆开业后生意特别好，他每天要做 100 碗一样的面！有一天，他觉得自己实在太累了，想轻松一点，但又不想影响生意。

如果你是老板，你会怎么做？

思前想后，A 决定请一名厨师，并教会厨师做面。从此以后，只要有顾客下单，A 就能让厨师帮忙做面了，不管是 1 碗还是 100 碗……

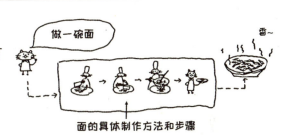

4.5.1 函数

在 Python 中，也有"厨师"，它就是我们已经见过很多次的——函数。只不过以前我们见到的大多是 Python 已经定义好的内置函数，如 print()、int() 等，而现在我们需要自己来定义函数。

（1）函数定义和函数调用

将程序中的一些代码封装起来，我们称之为"函数定义"。函数定义好之后，我们就可以通过"函数名"随时调用函数中的代码，这叫"函数调用"。"函数定义"好比教厨师做面，而"函数调用"则好比向厨师下达"做面"的指令，当厨师接收到指令后，就会按照做面的各个步骤，烧水、煮面、配味……，做出一碗地道的招牌面。

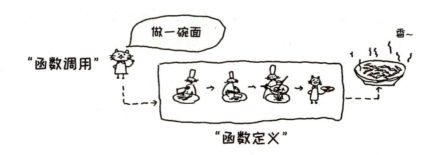

（2）内置函数和自定义函数

在 Python 中，函数分为内置函数和自定义函数，内置函数就好比一个已经学会做面的"厨师"，可以被直接调用；而自定义函数则好比一个还不会做面的厨师，需要老板先向其传授做面的方法和步骤，即我们需要先设计函数，为其定义内部代码，之后才能调用这个函数。Python 的设计者没有为我们设计"做面"的函数，也没有为我们设计"迷宫宫墙绘制"的函数，所以我们得自己来设计这些函数，自己设计的函数，就是"自定义函数"。

4.5.2 自定义函数

（1）函数定义和调用

- 函数定义——教"厨师"做面

```
def 函数名1():
    语句1
    语句2
    ……
```

- ✓ def 是函数定义的关键字，取自英文单词 definition（定义）。
- ✓ 函数定义时需指明函数的名字，好比为一道菜取一个名字。
- ✓ 冒号":"表示即将开始定义函数内部的语句。
- ✓ 封装在函数里的代码有相同的缩进，表示它们都隶属于这个函数。
- 函数调用——下达"做面"指令

通过函数名和括号"()"来调用，函数名需与函数定义时的函数名一致。如调用上面已定义好的函数：

```
函数名1()
```

做一做

自定义一个"做牛肉面"的函数,并调用它,输出做一碗牛肉面的步骤。

```
01. def noodles():
02.     print('开始制作牛肉面')
03.     print('烧面')
04.     print('煮面')
05.     print('配面')
06.     print('加面')
07.     print('加辣面')
08.     print('加牛面')
09.     print('牛肉面做好了!')
10. 
11. noodles()
```

函数定义:教"厨师"做牛肉面的方法步骤

函数调用:向"厨师"下达"做面"的指令

想一想

如果没有第 11 行调用函数的语句 noodles(),程序还会执行函数里的内容,将做牛肉面的步骤打印出来吗?为什么?

我们知道,函数好比老板请的"厨师",厨师需要听从老板的指令,因此,即使厨师已经学会了怎么做面,但是若老板不下达"做面"的指令,厨师就不会做面。

同样的道理,"函数定义"只是教会了厨师做面的方法,"函数调用"才是下达"做面"的指令。因此,若程序定义了函数,而没有调用函数,那么函数里的代码就不会被执行。

知识卡片——主程序和子程序

程序中最先执行的程序是主程序,程序中被调用才能执行的程序是子程序。

主程序就像程序中的"老板",子程序就像程序中的"厨师",主程序可以调用子程序,而子程序不能调用主程序,子程序中的代码只有在被调用时才会被执行。程序中函数定义的部分就是子程序,其中的代码只有在被调用时才会被执行。

> 在上面的程序中，第 11 行 noodles() 是主程序（老板），而第 1～9 行函数定义部分都是子程序（厨师）。

? 想一想

如果将函数定义的代码放在函数调用的后面，如下面的右边代码所示，程序能顺利执行吗？

```
def noodles():
    print('开始制作牛肉面')
    print('烧水')
    print('煮面')
    print('配味')
    print('加汤')
    print('加辣椒')
    print('加牛肉')
    print('牛肉面做好了！')

noodles()
```

```
noodles()

def noodles():
    print('开始制作牛肉面')
    print('烧水')
    print('煮面')
    print('配味')
    print('加汤')
    print('加辣椒')
    print('加牛肉')
    print('牛肉面做好了！')
```

我们验证一下会发现：运行左边的程序时，程序正常执行，但是运行右边的程序时，Python 就会向我们报告如下的错误：

```
Traceback (most recent call last):
  File "E:\procedure\test.py", line 1, in <module>
    noodles()
NameError: name 'noodles' is not defined
>>>
```

错误原因 "name 'noodles' is not defined" 说明此时 noodles 函数还没有被定义。究其原因：程序从上到下执行，当它看到函数定义时，才会将其记录下来。在右边的程序中，函数定义在函数调用之后，程序执行到 noodles() 时，noodles() 函数尚未定义，因此会向我们报错。

所以 Python 中，函数定义一定要放在函数调用之前，就像让厨师做面前，得先教会厨师怎么做面。

（2）程序是怎么运行的？

程序运行时，一定会从上往下依次执行每行代码吗？调用函数时会发生什么呢？我们来分析一下上面的程序是如何运行的：

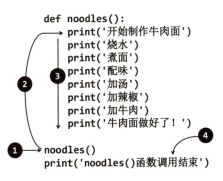

❶ 程序从主程序的第一行开始执行；

❷ 调用函数时，跳到函数中的第一行代码；

❸ 执行函数中的每一行代码；

❹ 函数完成时，从离开主程序的那个位置继续向下执行。

想一想

现在，我们已经可以通过函数将程序中的一些代码封装成一条指令，来减少重复书写的代码量。那么，我们是否可以用函数来简化绘制迷宫的代码呢？让我们先找找，绘制迷宫的步骤中有哪些相同或相似的步骤。

```
# 绘制迷宫的代码
import turtle
t = turtle.Turtle()
#x2
t.penup()
t.goto(0,2)
t.pendown()
t.forward(4)
#x3
t.penup()
t.goto(6,2)
t.pendown()
t.forward(9)
……
```

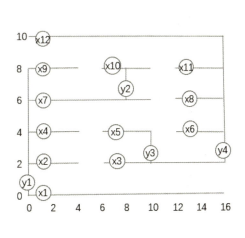

可以发现，在绘制迷宫时，每一条线段绘制的基本步骤是一样的，都需要经过"抬笔—移动到线段端点位置—落笔—画出线段"这 4 个过程，绘制每条线段

都需要调用相同的函数。

① 抬笔：调用 penup() 函数

② 定位：调用 goto() 函数

③ 落笔：调用 pendown() 函数

④ 画线：调用 forward() 函数

但是，你一定也发现了，尽管绘制每一条线段时都需要调用相同的函数，但是其中又存在着细微的不同：每条线段的端点位置 (x,y) 不同；每条线段的长度（在这里，我们设长度为变量 a）不同。因此，调用 turtle 模块中的函数时需传递不同的参数。

面对这样的细微差异，函数还能从容应对吗？让我们继续读面馆的故事。

随着来面馆的人越来越多，A 发现，每个人的口味都不太一样。有的人喜欢吃辣的，有的人喜欢吃不辣的；有的人喜欢加汤，有的人不喜欢加汤；有的人希望多加点牛肉，有的人觉得这些牛肉就足够了。面对大众不同的口味，应该怎么办呢？A 觉得，是时候重新设计一下菜谱了。

说干就干！A 拿出笔，在牛肉面的后面增添了"辣度""汤"和"牛肉"三个选项。从此，面馆的生意更好了，因为顾客们可以吃到符合自己喜好的面了。

（3）自定义函数的参数——不一样的"味道"

函数可以传递参数，参数就像做菜时加的调料。加入不同的调料，就会烹饪出不一样的味道。

比如调用内置函数 print()，若传递参数"甜"：print('甜') 打印出"甜"；若传递参数"咸"：print('咸') 打印出"咸"。

自定义函数也可以传递参数。但是在传递参数之前，需要先调整一下"菜单"，在菜品后面增加规格选项，即在函数定义中预先设置参数。

- 第一步：在函数定义中设置参数——增加菜品的规格选项

在函数定义的括号里设置参数，当有多个参数时，用逗号","隔开。函数定义中设置的参数是一个变量，用以接收"顾客"的具体要求。由于在函数定义时，仅是确定了有哪些"可选项"，还未真正接收到"顾客"的要求，即这个变量只是一个形式上的变量，它还未被赋值，故称为"形参"。

- 第二步：在函数调用中传递参数——提出对菜品的具体要求

在函数调用的括号里传递参数，当有多个参数时，用逗号","隔开。函数调用中传递的参数，是"顾客"真实、具体的要求，在程序中是实际的值，故称为"实参"。传入的"实参"数据将被赋值给对应的"形参"变量。

知识卡片——形参和实参

函数调用时传入的参数叫作"实参"；函数定义时设置的参数叫作"形参"。"实参"是真实存在的数据，在内存里有一个它的位置。而"形参"则徒有其形，在函数定义时，内存中没有它的一席之地。只有当函数被调用时，即函数里面的代码被执行时，形参变量才会被赋予传入的实参值。

但是，当函数运行至最后一行并返回主程序时，形参就被消灭了，就好比顾客下单后生成了一张订单，但是做完面之后，这张订单就没用了，作废了。订单的生命周期从做面开始到做面结束，形参的生命周期从函数调用开始到函数调用结束。

做一做

修改"做面"的程序，使之能满足不同顾客的口味，增加辣度、汤、牛肉等规格选项。

- 修改后的程序示例

```
01. def noodles(spicy,soup,beef):
02.     print('开始制作牛肉面')
03.     print('烧水')
04.     print('煮面')
05.     print('配味')
06.     print(spicy)
```

在定义noodles()函数时，设置spicy、soup、beef三个形参

```
07.    print(soup)
08.    print(beef)
09.    print('牛肉面做好了！')
10.
11. noodles('特辣','加汤','加牛肉')
12. noodles('微辣','不加汤','加牛肉')
```

> 在调用 noodles() 函数时，传入"特辣""加汤""加牛肉"三个实参

想一想

参数传递的过程是怎么样的？

在 A 的面馆中，一有顾客下单时，就会生成一张订单，订单中的"辣度""汤"和"牛肉"三个参数就被赋予了实际的内容，如"特辣""加汤""加牛肉"。这样，当厨师拿到订单后，就能知道顾客的具体要求，从而做出符合顾客口味的面。

在程序中，函数调用的过程就是"下单"的过程，在上面的程序中，首先调用 noodles() 函数，并传入"特辣""加汤""加牛肉"三个参数；接着，在函数内部，spicy、soup、beef 三个形参将被创建为变量，并分别被赋值为"特辣""加汤"和"加牛肉"；最后，函数根据这三个变量，执行不同的指令，如程序中第 6～8 行，输出的是面的不同口味。

（4）参数传递的方法

- 位置实参

传递参数最简单的方法就是让实参和形参的位置一一对应，我们称其为"位置实参"。例如，调用 noodles("特辣"," 加汤"," 加牛肉") 时，noodles() 函数中的 spicy 被赋值为第 1 个实参"特辣"，soup 被赋值为第 2 个实参"加汤"，beef 被赋值为第 3 个实参"加牛肉"。

- 关键字实参

若担心传递实参时没有按照正确的顺序，则可以采用关键字实参，把形参的

名字作为关键字来提示,例如,可以这样调用 noodles() 函数:

```
noodles(soup=' 加汤 ', spicy=' 特辣 ',beef=' 加牛肉 ')
```

即使各个实参没有按照形参的顺序传入,我们点名道姓地指明了这是要传递给谁的参数,也就不会出错了。

- 位置实参+关键字实参

位置实参和关键字实参可以一起用。例如:

```
noodles(' 特辣 ' , beef=' 加牛肉 ', soup=' 加汤 ')
```

其中,"特辣"没有点名道姓地指明这是要传递给谁的实参,因此,程序默认按位置传递,将其作为函数的第一个参数,传递给形参变量 spicy。

(5) 设置参数的默认值

在 Python 中,我们可以为函数的参数设置默认值,当函数被调用时,若未传入对应的实参,在函数执行过程中,该参数便被赋值为默认值;若传入了对应的实参,则在函数执行过程中,该参数被赋值为传入的实参。为 noodles() 函数中的 soup 和 beef 参数设置默认值的程序如下。

```
01. def noodles(spicy,soup=' 加汤 ',beef=' 加牛肉 '):
02.     print(' 开始制作牛肉面 ')
03.     print(' 烧水 ')
04.     print(' 煮面 ')
05.     print(' 配味 ')
06.     print(soup)
07.     print(spicy)
08.     print(beef)
09.     print(' 牛肉面做好了! ')
10.
11. noodles(' 极辣 ')
```

设置 soup 和 beef 参数的默认值

运行上面的程序,即可得到一碗"极辣,加汤,加牛肉"的牛肉面了。

值得注意的是,在写形参时,必须先写没有默认值的形参,再写有默认值的形参。请你想一想,这是为什么呢?

4.5.3 简化迷宫绘制的程序

现在,我们已经知道函数只需定义一次,就可以被多次调用,真是非常省力!

请你利用函数，简化迷宫绘制的程序吧！（请先在下方表格中填上要设计的函数及其作用。）

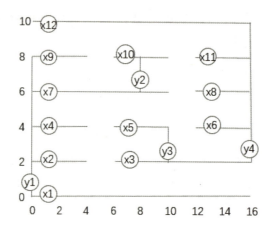

函数	作用

设计迷宫的方法有很多种，下表中的内容供你参考：

函数	作用
drawLine(tina,x,y,a)	用 tina 海龟对象绘制一条起点坐标为 (x,y)，长度为 a 的直线

- 代码示例

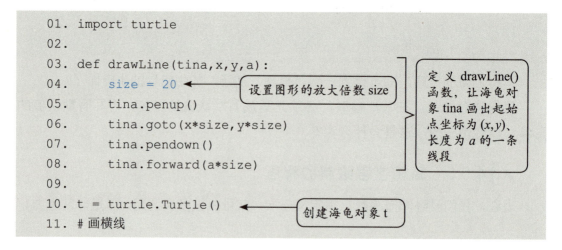

```
12. drawLine(t,0,0,16)#x1
13. drawLine(t,0,2,4)#x2
14. drawLine(t,6,2,10)#x3
15. drawLine(t,0,4,4)#x4
16. drawLine(t,6,4,4)#x5
17. drawLine(t,12,4,4)#x6
18. drawLine(t,0,6,10)#x7
19. drawLine(t,12,6,4)#x8
20. drawLine(t,0,8,4)#x9
21. drawLine(t,6,8,4)#x10
22. drawLine(t,12,8,4)#x11
23. drawLine(t,0,10,16)#x12
24. # 画笔左转 90° 为垂直向上方向
25. t.left(90)
26. # 画纵线
27. drawLine(t,0,0,8)#y1
28. drawLine(t,8,6,2)#y2
29. drawLine(t,10,2,2)#y3
30. drawLine(t,16,2,8)#y4
31. t.hideturtle()
```

调用 drawLine() 函数，传入"海龟"对象 t，以及每条线段绘制所需的端点 x 坐标和端点 y 坐标、每条线段的长度 a，完成所有横线的绘制

调用 drawLine() 函数画出所有纵线

小 Q，我有一个问题，上面这个代码里面，第 3 行的海龟对象明明是 tina，但是后面函数调用的时候海龟对象怎么又变成 t 了呢？

小 A，你这是忘记刚刚讲的"形参"和"实参"的关系了吧。在这个程序里，函数定义里的 tina 是形参，它在函数创建过程中并没有被创建，也就是说它并不是一个真正的海龟对象。只有当下面的 drawLine() 语句调用时，函数里的 tina 才会被创建，并且被赋值为传进来的真正的海龟对象 t，t 是实参，它是在第 10 行通过 t = turtle.Turtle() 被创建出来的一个真正的海龟对象。

函数的形参只是用来接收外界传入的值的，它的名字不一定和实参的名字一样。

4.6 走出迷宫

迷宫设计好了，现在可以邀请朋友来走一下迷宫。为了让走出迷宫的路线不与迷宫混淆，我们将路线的颜色设为其他颜色。

在 turtle 模块中，设置画笔的颜色。

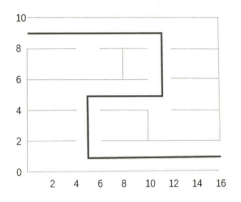

方法	功能
pencolor('red')	设置画笔颜色为"红色"
pencolor('#ff0000')	设置画笔颜色的颜色值为"#ff0000"

> **知识卡片——颜色值**
>
> 颜色值由十六进制来表示红、绿、蓝（RGB）。每个颜色的最小值为 0（十六进制为 00），最大值为 255（十六进制为 FF）。十六进制和十进制、二进制一样，是数的一种表示方法，它逢 16 进 1，其写法为 # 号后跟十六进制字符。如红色的 RGB 中，R 为 FF，G 和 B 都为 00，所以红色的颜色值为 #FF0000。

4.7 我的迷宫

现在，请你在下方空白区域设计你的迷宫，并用 Python 绘制出来，然后邀请你的朋友一起比赛，看看谁能最快走出对方的迷宫！

4.8 此海龟非彼海龟

问题的解决方法往往不止一种,迷宫绘制的方法多种多样,程序编写的方法也多种多样。

比如,P和Q两位同学在绘制迷宫的时候,准备绘制一个宫墙为蓝色的迷宫,他们都设计了一个绘制迷宫线段的函数,程序如下。最终,P实现了他的想法,画出了蓝色宫墙的迷宫,而Q虽然也画出了迷宫,但迷宫宫墙的颜色却是黑色的,而不是蓝色的。这是怎么回事呢?请你找找两个人的代码有何不同,将其圈出来,思考Q设计的程序有什么问题。

```
#P 的程序:
01. import turtle
02. def drawLine(x,y,a):
03.     tina.penup()
04.     tina.goto(x,y)
05.     tina.pendown()
06.     tina.forward(a)
07. tina = turtle.Turtle()
08. tina.pencolor('blue')
09. drawLine(30,20,100))
……
```

```
#Q 的程序:
01. import turtle
02. def drawLine(x,y,a):
03.     tina = turtle.Turtle()
04.     tina.penup()
05.     tina.goto(x,y)
06.     tina.pendown()
07.     tina.forward(a)
08. tina = turtle.Turtle()
09. tina.pencolor('blue')
10. drawLine(30,20,100)
……
```

可以看出,P和Q的主程序部分完全一样,不同之处在于:Q在函数定义中比P多写了一行代码"tina = turtle.Turtle()"(见Q的程序的第3行)。那么,这一句创建"海龟"对象的代码究竟让程序的逻辑发生了怎样的变化呢?

我们需要再回到A的面馆中,去研究一下"全局变量"和"局部变量"的概念。

📖 全局变量和局部变量

(1)全局变量

全局变量是在主程序中,即函数外创建的变量,可以被任意一个函数引用,其作用域是整个程序。全局变量好比老板为餐厅购置的公共物品,可供餐厅里任何一位厨师做菜时使用。

老板为餐厅购置的东西,比如:锅、碗、勺子　　任何一个厨师都可以使用这些公共物品

- P 的程序

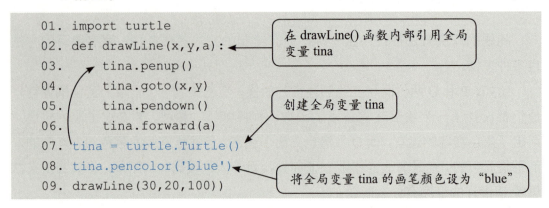

在 P 的程序中，tina 就是一个全局变量，它是在主程序中被创建的"海龟"对象，因此，在 drawLine() 函数中，可以直接使用全局变量 tina 绘制迷宫，tina 的画笔颜色在第 8 行被设置为蓝色，因此绘制出的迷宫也是蓝色的。

全局变量 tina 的作用域是整个程序，它在整个程序中都起作用，例如，在函数外可以为其设置画笔颜色（见程序的第 8 行），在函数内可以用它绘制迷宫（见程序的第 3～6 行）。

知识卡片——变量作用域

变量作用域就是程序中变量的作用范围，全局变量的作用域是整个程序，自被创建之后，就可以在整个程序中被访问或使用；局部变量的作用域是整个程序中的一小部分，只能在它起作用的范围内被访问或使用。

（2）局部变量

局部变量是在函数内定义的变量，只能在函数内部被引用，而不能在函数外部被引用，其作用域在函数内部。局部变量好比厨师在做菜过程中的产物，厨房外面的人看不见。函数执行结束后，所有局部变量将被自动删除。

- Q 的程序

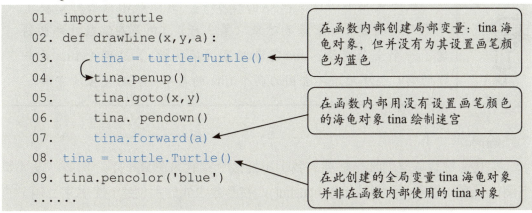

在 Q 的程序中,函数内部的 tina 就是一个局部变量,它是在函数中被创建的"海龟"对象,在函数内部,没有为它设置画笔颜色,因此,用它画出的迷宫不是蓝色的。并且由于每一次调用该函数绘制迷宫中的一条线段,就会创建一个新的 tina,因此可以看到,绘制出的图形中留下了很多三角形,如下图所示,这些三角形是每次函数调用中被创建的海龟对象,迷宫中有多少条线段,就会有多少个海龟对象被创建。这样做会大大浪费计算机资源,不建议采用这种方法绘制迷宫。

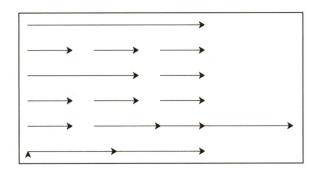

想一想

观察 Q 的程序运行结果,我们发现所绘制的迷宫中不仅留下了很多三角形,宫墙的颜色没有变为蓝色,而且迷宫中仅有水平线段,没有垂直线段,这是为什么呢?

(提示:由于程序中的线段总是通过函数中新生成的海龟对象绘制,每个海龟对象的初始方向都是水平向右,且未改变角度。)

我还是想不明白，在 Q 的程序中，虽然在函数内部创建了一个局部变量：tina 海龟对象（第 3 行），但是在函数外部也创建了一个全局变量：tina 海龟对象（第 9 行），这两个 tina 是一样的吗？程序难道不会因为两个 tina 的名字一样而发生冲突吗？

🧪 实验一下

实践是检验真理的唯一标准。我们不妨做个实验来测试一下。例如，设计如下测试程序：创建一个测试函数 hanshu()，在函数内外分别创建一个名字都叫 x 的变量，并分别为其赋值为 20 和 10。接着，在函数内和函数外分别打印 x，通过程序运行结果来进行分析、判断。

```
01. def hanshu():
02.     x = 20
03.     print(x, end=',')
04. 
05. x = 10
06. print(x, end=',')
07. hanshu()
08. print(x)
```

程序运行结果：10,20,10

- 第 6 行，print(x) 打印出第 1 个数字 10，引用全局变量 x；
- 第 7 行，调用 hanshu()，在函数内打印出第 2 个数字 20，引用局部变量 x；
- 第 8 行，print(x) 打印出第 3 个数字 10，引用全局变量 x。

可以看出，函数内部的 x 和函数外部的 x 是互不影响的，既使两者同名，程序也会认为"此 x 非彼 x"。在上面的程序中，不管是在函数调用之前还是函数调用之后，在函数内部，x 就是局部变量，$x=20$；在函数外部，x 就是全局变量，$x=10$。在函数内将 x 赋值为 20，并不会改变函数外部的 x 值，函数外部 x 的值仍为 10。

（3）当局部变量与全局变量同名时，在局部将其看作局部变量

事实上，Python 的设计者很早就考虑到全局变量和局部变量可能同名的问题，于是规定：如果在函数内创建了一个与全局变量同名的局部变量，仍然要把它看作一个新诞生的个体，即将其看作局部变量。

就像不同文件夹中可以有相同名字的文件一样，不同作用域内也可以有相同名字的变量，它们之间互不影响。因此，局部变量和全局变量同名时也不会发生冲突。

想一想

"此海龟非彼海龟"是何含义？Q 的程序为什么无法实现想要的效果？请你向大家解释一下其中的奥秘。

4.9 有返回值的自定义函数

在 Python 中，有时我们希望调用完函数之后，它能给予我们一些反馈，向主程序返回一些信息。从一个函数返回的值称为结果（result）或返回值（return value）。

我们已经知道，input() 函数是一个有返回值的内置函数，它可以被看作一个数据对象，可以进行运算或赋值等操作，有返回值的自定义函数也是一样，在自定义函数中返回一个数据，需要通过 return 语句将数据返回。现在我们再去 A 的面馆中看一看。

A 的面馆自从修改了菜单，增加了口味的选项之后，面馆的生意越来越好了。但与此同时，每一碗面的价格也不一样了，一碗普通的面是 10 元，如果选择了加牛肉，则要多加 5 元。A 希望能够根据顾客的要求自动计算出每一碗面的价格，请你修改 noodles() 函数，使之能够返回每一碗面的价格。

为了让函数能够计算并返回面的价格，我们不妨在函数中创建一个 price 变量用以存储面的价格，如果顾客"加牛肉"，则价格增加 5 元，最后通过 return price 语句将面的价格返回主程序，并输出。

```
01.def noodles(spicy,soup,beef):
02.    price = 10          ← 设置一碗面的初始价格为10元
03.    print('开始制作牛肉面')
04.    print('烧水')
05.    print('煮面')
06.    print('配味')
07.    print(soup)
08.    print(spicy)
```

105

```
09.     print(beef)
10.     print('牛肉面做好了！')
11.     if beef=='加牛肉':
12.         price = price + 5
13.     return price
14.
15. price1 = noodles('辣','加汤','加牛肉')
16. price2 = noodles('辣','加汤','不加牛肉')
17.
18. print('第一碗面{}元，第二碗面{}元'.format(price1,price2))
```

> 如果选择了"加牛肉"，则 price 增加 5 元，一碗面卖 15 元

> return 语句将 price 变量的值返回到主程序

> noodles()函数返回的值被赋给新的变量

运行程序，结果为："第一碗面 15 元，第二碗面 10 元"。

另外，对于有返回值的函数，我们可以将返回值赋给一个变量，也可以直接在另一个表达式中使用，或者将其打印出来，当然，也可以不对它进行任何操作。

例如，对于有返回值的 noodles()：

```
# 作为数据直接参与运算
totalP = noodles('特辣','加汤','加牛肉') + noodles('特辣','加汤','不加牛肉')
print('两碗面共' + str(totalP) + '元')

# 不对返回值进行任何处理
noodles('特辣','加汤','加牛肉')
```

✎ 做一做

请你为炸鸡店老板设计一个程序，让老板输入每个月的收入和支出，通过程序输出炸鸡店该月的盈亏情况（请先在下方表格中写下你要设计的函数及其作用）。

函数	作用

- 示例程序

```
01. def calProfit(income,expend):
02.     result = income - expend
```

```
03.     return result
04.
05. income_month = float(input('请输入您本月的收入：'))
06. expend_month = float(input('请输入您本月的支出：'))
07. profit = calProfit(income_month,expend_month)
08. if profit > 0:
09.     print('恭喜老板本月盈利'+str(profit)+'元')
10. elif profit < 0:
11.     print('老板，您这个月亏了'+str((-1)*profit)+'元')
12. else:
13.     print('不赚不赔。')
```

4.10 为什么使用函数？

（1）避免代码冗余。函数是对代码的一种封装，我们只需要在函数中写一次代码，就可以对这些代码进行重复利用，非常方便。请举例说明：

_____

_____

（例如，在绘制迷宫的 drawLine() 函数中封装了绘制每一面宫墙的代码，简化了程序。）

（2）方便程序修改。当做某事的代码需要修改时，只需在函数中修改一次，而不用在每一个需要做这件事的地方修改代码。请举例说明：

_____

_____

（例如，当做面的过程有所改变，要将煮面和配味的顺序换一下时，如果不用函数，每一次做面的程序都需要修改，而如果使用函数，则只需在函数中修改一次即可。）

（3）实现模块化编程。函数将多行代码封装成一行语句，通过函数名能很容易地知道程序在做什么，增加程序的可读性。在更复杂的程序中，可将任务分解为几个子任务，若我们将实现每个子任务的代码封装成函数，将每个子任务看作一个"模块"，则可实现模块化编程。当程序有问题时，我们只需关注是哪个模块出现了问题，再深入排查即可，而不必在整个程序中进行"大海捞针"般的排查。

模块化编程

> **知识卡片——模块化编程**
>
> 模块化编程是指在程序设计时,将一个大程序按照功能分解为许多小程序模块,每个小程序模块完成一个确定的任务或实现一种特定的功能,同时通过建立起这些模块之间的联系,实现整个程序设计的一种程序设计方法。函数可以实现程序的模块化编程。
>
> 模块化编程就像"搭积木"一样,一块积木就是程序中的一个小模块,程序设计就是将这些积木有组织地搭建起来。
>
> 事实上,我们也常常用"模块化"的思想解决生活或学习中的问题。比如我们会将我们的生活安排分为学习模块、锻炼模块、休息模块等,在不同模块中再进行不同的安排。模块化,能提高我们学习、工作和生活的效率。

做一做

请将上一章的"恐龙山洞"程序用模块化编程的思想进行改造。

4.11 爱心礼物

编程是一件快乐的事,它不仅让我们体会到创造的快乐,也能让我们将这份快乐传递给身边的人。现在,让我们用 turtle 海龟模块来做一个爱心礼物,送给家人或朋友。

想一想

爱心可以看作哪些简单图形的组成呢?爱心的绘制需要哪些操作步骤呢?请你分析一下,在下方空白处写下你的绘制思路。

绘制思路:

我们可以将爱心看作由 2 条线段、2 个半圆弧组成。假设线段 a 和线段 b 的长度为 100，线段 a 和线段 b 的夹角是一个直角，半圆弧 1 的直径和线段 a 的夹角是一个直角，半圆弧 2 的直径和线段 b 的夹角是一个直角，则两个半圆弧的直径都为 100。

在绘制爱心时，我们可以选择从心尖开始画，画出线段 a，然后画半圆弧 1，再画半圆弧 2，最后画出线段 b。当然，作图方式不只一种，在此仅列举了一种思路。

4.11.1 绘制线段 a

我们知道，画笔的初始方向是水平向右的，因此，需首先调整画笔方向，再画线段 a。

```
import turtle
t = turtle.Turtle()
t.left(135)        ← 向左旋转 135°
t.forward(100)     ← 向前移动 100 像素
```

4.11.2 绘制半圆弧

在 turtle 里，提供了一个画圆弧的函数——circle(radius)。

（1）画一个完整的圆

circle(radius) 函数能够画出半径为 radius 的圆，radius 的正负代表画圆的方向。

方法	功能
circle(radius)	沿着逆时针方向画一个半径为 radius 的圆
circle(-radius)	沿着顺时针方向画一个半径为 radius 的圆

运行下面这个程序，将得到一个形似"8"的图形。调用 t.circle(50) 函数，沿逆时针方向画出上面的圆，执行 t.circle(-50) 函数，沿顺时针方向画出下面的圆。

```
import turtle
t = turtle.Turtle()
t.circle(50)
t.circle(-50)
```

（2）画一段圆弧

圆弧其实就是圆里的一小段，可通过弧度 degree 来控制，一个圆可看作弧度为 360°的一段圆弧。

在 circle() 函数中传入弧度参数，则可绘制不同弧度的圆弧。例如，绘制半径为 50 的半圆弧：

circle(50,180) 或 circle(-50,180)

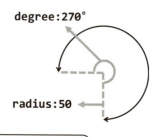

circle(radius,degree) ← 画一段半径为 radius，度数为 degree 的圆弧

4.11.3 绘制爱心

在绘制爱心之前，请考虑以下 4 个问题：

（1）画半圆弧 1 的方向是顺时针还是逆时针？半圆弧 1 的半径是多少？度数是多少？

（2）画出半圆弧 1 之后，从点 B 开始画半圆弧 2，需如何调整画笔方向？

（3）画半圆弧 2 的方向是顺时针还是逆时针？半圆弧 2 的半径是多少？度数是多少？

（4）从点 C 开始，继续画线段 b，需先调整画笔方向吗？线段 b 的长度是多少？

如果你已经将以上问题考虑清楚，那么设计程序对你来说就不在话下了。

```
01. import turtle
02. t = turtle.Turtle()
03. t.left(135)
04. t.forward(100)
05. t.circle(-50,180)
06. t.left(90)
07. t.circle(-50,180)
08. t.forward(100)
```

通过旋转、前进、画圆弧等操作，最终我们画出了如下图所示的爱心。但和我们想要的样子相比，它还是显得太过"朴素"，接下来我们需要继续美化它。

4.11.4 美化爱心

在 turtle 模块中，可以为画笔设置很多属性，如粗细、颜色等，以美化作品。

方法	功能
pensize(size)	设置画笔粗细为 size 像素
pencolor(color)	设置画笔颜色为 color
fillcolor(color)	设置画笔填充颜色为 color
color(color1,color2)	设置画笔颜色为 color1；填充颜色为 color2

另外，如果需要填色，还必须进行另外两项操作：开启填充和关闭填充。

方法	功能
begin_fill()	开启"填充模式"
end_fill()	关闭"填充模式"

在 turtle 模块里：
- 用 begin_fill() 函数标志"填充模式"开启；
- 用 end_fill() 函数标志"填充模式"结束。

例如，将"8"的下半部分填充为黄色，上半部分不填色：

```
import turtle

t = turtle.Turtle()
t.color('red','yellow')
t.circle(50)
t.begin_fill()
t.circle(-50)
t.end_fill()
```
涂色部分

填充颜色的开关就像是一个"框框"，将需要填充颜色的部分框起来，"框框"里面的图形是需要填色的部分，而"框框"外面的部分则不需要填色。在画"8"的程序中，第一个圆不填色，第二个圆填色。

有了这些画笔属性工具，我们可以修改上面的程序，完成对爱心的美化，画出一个边框为红色，填充色为粉色的爱心。

```
01. import turtle
02. t = turtle.Turtle()
03. t.shape('turtle')
04. t.pensize(10)
05. t.pencolor('red')
06. t.fillcolor('pink')
07. t.begin_fill()
08. t.left(135)
09. t.forward(100)
10. t.circle(-50,180)
11. t.left(90)
12. t.circle(-50,180)
13. t.forward(100)
14. t.end_fill()
```

03-06 行:设置画笔属性
07 行:开启"填充模式"
14 行:关闭"填充模式"

4.11.5 一句话生日祝福

爱心终于画好了。现在只差最后一步:在爱心下面写下祝福。

turtle 模块中的 write() 函数可以在画布上输出一段文字,你只需将要写下的内容作为参数传递给它即可,write() 函数和 print() 函数类似,只是输出的地方不同:

```
t.write("Happy Birthday, MOM!")
```

美化文字

就像设置画笔颜色一样,我们也可以设置文字的字体、大小等属性。只需要将所有这些属性依次放在 font 参数里的各个位置上即可。在 write() 函数中,font 是可选参数,若不设置 font 参数,则文本将以默认的形式呈现:

```
t.write('Happy Birthday,MOM!', font=('Consolas',20,'normal'))
```

4.11.6 完善程序

```
01. import turtle
02. t = turtle.Turtle()
03. # 设置画笔属性
04. t.shape('turtle')
05. t.pensize(10)
06. t.color('red','yellow')
07. # 开始绘制爱心
```

```
08. t.begin_fill()
09. t.left(135)
10. t.forward(100)
11. t.circle(-50,180)
12. t.left(90)
13. t.circle(-50,180)
14. t.forward(100)
15. t.end_fill()
16. #更改画笔位置
17. t.penup()
18. t.goto(-120,-50)
19. t.pendown()
20. #设置新的画笔颜色
21. t.pencolor('violet')
22. #一句生日祝福话
23. t.write('Happy Birthday,MOM!', font=('Consolas',20,'normal'))
```

> 用不同的颜色写祝福语，因此在写祝福语之前，需设置新的画笔颜色，覆盖之前的设置

4.12 艺术展的邀请

turtle 艺术展邀请函

亲爱的同学：

你好！

我们诚挚邀请你参加本次的 turtle 艺术展，用 Python 的 turtle 模块绘制出最具创意的作品！下面是参考作品，但不要被它限制你的想法，请尽情发挥你的创意！

——turtle 艺术展组委会

你可以在下面的空白处进行创作。

4.13 现实链接：年轮

通常，树木每生长一年，就会有一圈年轮，以记录它们这一年的生长情况。不同类型的树木，年轮宽度不同，例如杨树及毛桐的年轮较宽，黄杨及山茱萸的年轮就非常窄。假设现在有一棵树，它每一年的年轮宽度都差不多，大约是 1cm，我们可以粗略地把这棵树的树干看作一个圆柱，其半径大约为 10cm。

请用 Python 画出这棵树的年轮，并根据你所知道的信息计算出它的树龄。看看你能想出多少种办法完成这项任务。请在下方空白处写下你的年轮绘制思路和树龄计算方法。

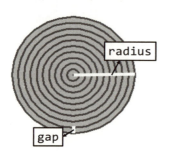

年轮是一个
不会说谎的精灵

当四季流转
当春去秋来
一道清晰的年轮
深深地、深深地刻在
生命树体里

——《年轮》

年轮绘制思路：

树龄计算方法：

每一圈年轮都是一个圆，所以我们可以用循环语句来解决这个问题，每画一圈年轮，树龄就增加 1。

听起来不错,但是每一圈年轮的半径和位置不同,怎么解决这个问题呢?

这个简单,创建一个变量 radius,记录每个年轮的半径,初始值为最大年轮的半径,也就是树干的半径,之后在循环中逐次递减,直到 radius<=0 时,结束循环即可。至于位置不同的问题,在每次循环中将画笔向上移动 gap 距离即可。

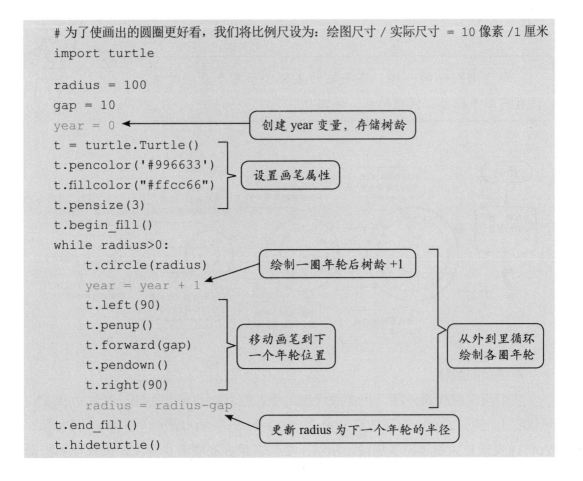

```
# 为了使画出的圆圈更好看,我们将比例尺设为:绘图尺寸/实际尺寸 = 10 像素/1 厘米
import turtle

radius = 100
gap = 10
year = 0          ← 创建 year 变量,存储树龄
t = turtle.Turtle()
t.pencolor('#996633')
t.fillcolor("#ffcc66")    设置画笔属性
t.pensize(3)
t.begin_fill()
while radius>0:
    t.circle(radius)
    year = year + 1    ← 绘制一圈年轮后树龄+1
    t.left(90)
    t.penup()
    t.forward(gap)      移动画笔到下
    t.pendown()         一个年轮位置
    t.right(90)
    radius = radius-gap
t.end_fill()           ← 更新 radius 为下一个年轮的半径
t.hideturtle()
```

从外到里循环绘制各圈年轮

这的确是个好办法！但是我们也可以换一种角度来思考这个问题：每一圈年轮，既是外圈年轮的内圈，又是内圈年轮的外圈。要想知道某一圈年轮代表的树龄，就需要先问问它的内圈年轮代表的树龄，在此基础上加 1 即可。

现在我们想知道一棵树的树龄，其实就是要不断地问内圈年轮所代表的树龄是多少，直到问到最里面的那圈年轮，问题结束，便可按顺序返回各圈年轮代表的树龄了。

可是，我们怎么确定问题什么时候结束呢？

和你刚刚说的一样，当年轮的半径小于等于 0 的时候，没有内圈年轮了，问题结束，返回 0。

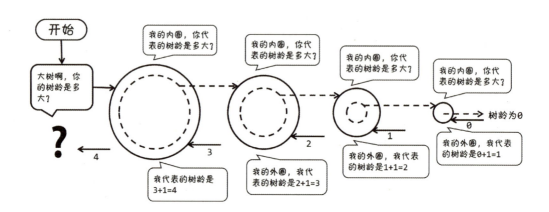

对递归的解释

我们用实线代表外圈，用虚线代表内圈，就可以画出和上图一样的过程了。可以看出，递归的核心规律就是 $Y(n)=Y(n-1)+1$，其中 $Y(n)$ 表示第 n 圈年轮的树龄，$Y(n-1)$ 表示其内圈年轮的树龄。所以，要知道第 n 圈树龄是多少，就只要不断询问其内圈年轮的树龄，直到再也没有内圈了，即 $Y(0)=0$。

直到这时，最里面的第一圈年轮终于知道了自己代表的树龄 $Y(1)=Y(0)+1=1$，于是它立刻告诉了它的外圈,也就是第二圈年轮;这时第二圈年轮也终于知道了自己代表的树龄 Y(2)=Y(1)+1=2,于是它也立刻告诉了它的外圈,也就是第三圈年轮……如此,内圈年轮不断地向外圈年轮返回自己代表的树龄,一直返回到最外圈年轮,回到初始问题,外圈年轮也知道自己代表的树龄 Y(n) 是多少了,即我们计算出了这棵大树的树龄。

这整个从最大的问题开始,不断缩小问题规模,到达一个可以返回的原点,再开始不断向上逐层返回结果,直到回到最初始的问题的过程,就是递归。

> 我明白了,这和挖矿一样,一层一层向下挖,直到挖不动为止,才从最底层开始一层一层向上返回挖到的东西。

> 你理解得很对,这其实就是著名的"递归"算法,它能简化很多复杂问题。

📖 递归算法

递归(recursion),是程序调用自身的一种编程技巧。递归需要满足以下 2 个条件。
① 需调用自身:如计算树龄 Y(n)=Y(n−1)+1。
② 有递归出口:有可返回的原点位置,即有结束反复调用自己的条件。

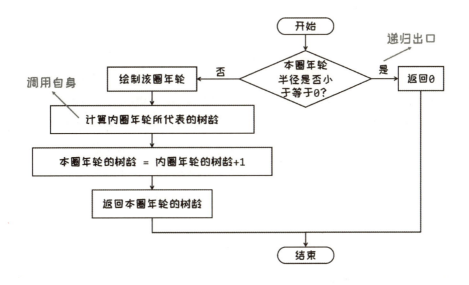

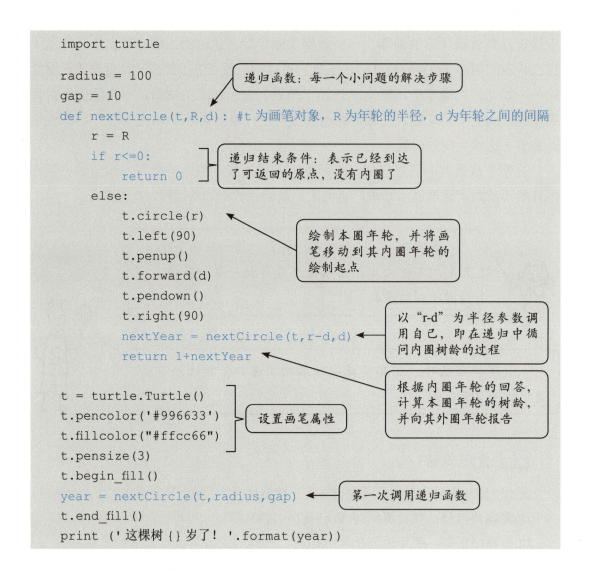

本章小结

这一章里，我们看到用程序也能进行艺术创作，并且由于它可以快速、重复地计算，能比人更快、更好地画出更多复杂的图案。turtle 绘图模块中封装了很多绘图所需的函数，可以进行设置画笔属性、改变画笔状态、移动转向等绘图操作。利用自定义函数，可以将重复的步骤封装起来，简化程序，将任务分解为一个个小任务。用函数进行模块化编程能让我们的程序结构更加清晰，同时还便于程序的修改。模块化编程思想能帮助你更好地进行问题解决。

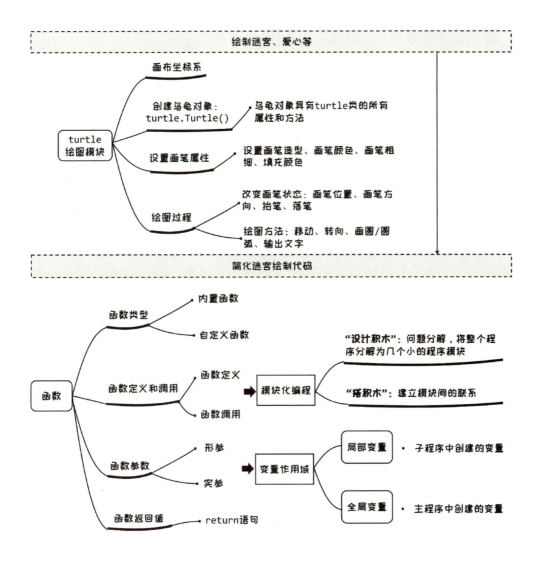

练一练

1. 关于 turtle 绘图模块，下列说法不正确的是（　　）。

   A. 用 turtle 绘图模块绘制图形，运行程序弹出的新窗口为绘图画布，画布正中心为画布坐标系的原点 (0,0)。

   B. t=turtle.Turtle() 将创建一个画笔对象。

   C. 画笔被创建时，其初始位置在画布原点位置。

   D. turtle 模块中，circle() 函数只可以绘制圆，不可以绘制圆弧。

2. 关于自定义函数，下列说法不正确的是（　　）。

   A. 在 Python 中，用 def 关键字定义函数。

B. 可以在函数定义之前调用该函数。

C. 函数内定义的语句块必须缩进。

D. 通过 return 语句，自定义函数可以有返回值。

3. 观察下列程序，写出运行结果。解释原因，并说出哪些变量是全局变量，哪些变量是局部变量，其作用域在哪里。

```
def printNum(num1,num2,num3=3):
    num1 = 'num1'
    print('num1:'+str(num1),end=' ')
    print('num2:'+str(num2) ,end=' ')
    print('num3:'+str(num3) ,end=' ')
num1 = 1
num2 = 2
num3 = 3
printNum(num1,num2)
printNum(num1,num2,num3)
```

4. 想一想还有什么问题可以用递归算法解决？尝试用递归算法解决下面的问题。

（1）计算 n 的阶乘 $n! = n * (n-1) * (n-2) * ...* 1 (n>0)$。

（2）绘制一棵二叉树，已知每个树杈的夹角为 50°，最小的树杈不能比 5 小。

自我评价表

☆ 我的游戏设计具有特色	☐
☆ 我在程序设计中尝试了新的语法	☐
☆ 我在程序设计中尝试了新的设计思路	☐
☆ 我在程序设计中考虑了程序运行中多种可能出现的情况，并做了处理	☐
☆ 我在程序设计中解决了别人不敢碰的难题	☐
☆ 我的程序代码逻辑清晰，具有很好的可读性，方便维护	☐

第五章 数字炸弹

5.1 本章你将会遇到的新朋友

- 异常处理
- for 循环
- range() 函数

5.2 游戏体验师

"数字炸弹"是一个经典的多人游戏,在游戏之前需要由大家共同制定"炸弹"范围。游戏开始后,其中一个玩家扮演"炸弹人",完成"炸弹数字"的设置,接着其他玩家挨个儿说一个"炸弹"范围内的数字,"炸弹人"会根据玩家说的数字缩小炸弹范围,直到"炸弹"爆炸。这次,我们要将这个经典的游戏"搬"到计算机中,让计算机扮演那个埋"炸弹"的人,这样就能让每个人都参与游戏了。

究竟谁会踩到"炸弹"呢?一起来体验一下吧!

在本书提供的源代码文件中找到文件"**numBomb.py**",双击运行,输入"炸弹"的范围,即可开始游戏!

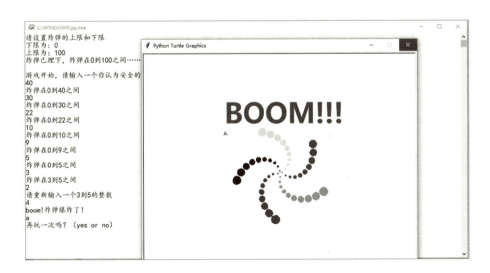

现在，请你以游戏体验师的身份，在体验过《数字炸弹》游戏之后，填写下面的体验报告，也可提出你的问题和建议。

《数字炸弹》游戏体验报告

游戏背景：

游戏规则：

游戏交互方式：

问题和建议：

5.3 游戏制作人

也许，你还在为踩到"炸弹"而难过不已；也许，你还在为躲过"炸弹"而欢呼庆幸。

接下来，我们将成为《数字炸弹》的游戏制作人！

> 谁没有用脑子去思考，到头来他除了感觉之外将一无所有。
>
> ——歌德

5.3.1 尝试设计

制定计划是提高效率的好办法，让我们一起来构思《数字炸弹》游戏的实现流程。写程序就像写一篇文章，如果这篇文章比较复杂，我们可以先列出文章的大纲，再分章节来写，最终完成整篇文章，在设计程序或解决问题之前，我们也可以先将大问题分解成小问题，再逐个击破。请你想一想，《数字炸弹》游戏的实现需要经历哪些步骤呢？将你的想法填在下图中，可以增加框框的数量，也可以不填完所有的框框，还可以增加分支。

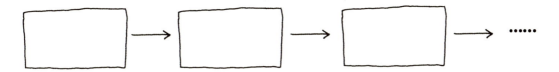

在设计程序的过程中,下面的表格可以帮助你进行分析和思考。

- 对象表征

项目中的对象	变量
"炸弹"上限	uplimit(int 型)

- 对象关系表征

对象之间的关系	表达式
踩到了"炸弹"	

- 对象处理过程表征

对象处理过程	程序指令
随机设置"炸弹"	

- 程序流程图

请结合你对问题的分析,在下面的空白区域绘制流程图,并尝试自己设计程序代码。

5.3.2 问题分解

通过对项目进行分析，可以将《数字炸弹》分解为"初始设置—玩家轮流猜测数字直到炸弹爆炸"两个步骤。当然，我们也可以将问题进行更加细致的划分，例如，将"初始设置"步骤再细分为"设置'炸弹'数字的上限和下限"和"设置炸弹数字"：

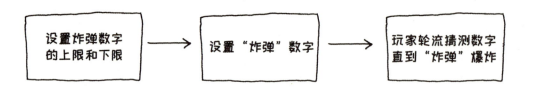

5.4 问题1：如何设置"炸弹"？

在《数字炸弹》游戏中，"炸弹"是在一个范围内随机产生的，因此，为游戏设置"炸弹"，首先要确定"炸弹"数字的上限和下限，之后，再从这个范围内随机选取一个数字作为炸弹数字。

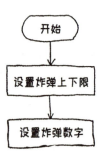

```
import random
print("请设置炸弹的上限和下限")
downlimit = int(input('下限为：'))
uplimit = int(input('上限为：'))
```

上下限都是 int 型变量，需用 int() 函数将输入值转化为整数

```
bomb = random.randint(downlimit,uplimit)
print("炸弹已埋下,炸弹在 {} 到 {} 之间……".format(downlimit,uplimit))
```

5.5 问题2:如何缩小"炸弹"的范围?

假设有 A、B、C、D 四个人进行游戏,在某次游戏中,四人规定"炸弹"的初始范围为 0 ～ 100,并且"炸弹"被设置为数字 35,从 A 开始,大家轮流说出一个数字。

第一次,A 说了 50,比"炸弹"数字大,因此,"炸弹"范围更新为 0 ～ 50;

第二次,B 说了 30,比"炸弹"数字小,因此,"炸弹"范围更新为 30 ～ 50;

……;

直到某次又轮到 A 说,A 说了 35,"炸弹"爆炸,游戏结束。

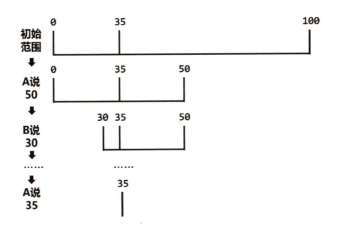

请分析一下上面的过程,想想"炸弹"范围是如何缩小的?在"炸弹"范围缩小的过程中有哪些重复的步骤吗?如何编写程序缩小"炸弹"范围呢?请将你的想法写在下面,并尝试进行编程。

分析可知,"炸弹"范围的缩小需要不断重复进行 2 个步骤。

- 步骤一:玩家猜测"炸弹"数字;
- 步骤二:根据玩家猜测的数字与"炸弹"数字的关系,更新"炸弹"范围。

"炸弹"范围缩小的过程是一个循环,当玩家猜测的数字正好是"炸弹"数字时,"炸弹"直接爆炸,"炸弹"范围不再缩小。我们可以将这个过程用程序流程图表示出来:

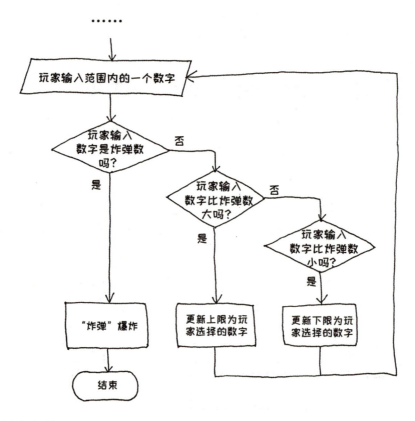

根据所确定的程序流程，我们可以设计如下程序：

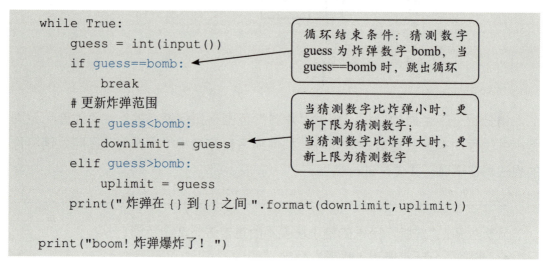

```
while True:
    guess = int(input())
    if guess==bomb:
        break
    # 更新炸弹范围
    elif guess<bomb:
        downlimit = guess
    elif guess>bomb:
        uplimit = guess
    print(" 炸弹在 {} 到 {} 之间 ".format(downlimit,uplimit))

print("boom! 炸弹爆炸了！ ")
```

5.6 反思评估

如果一切都正常进行，那么上面的程序自然不会有什么问题。但是有时候，总有一些意外会发生。请你想一想，上面的游戏程序什么时候可能发生意外呢？

笔者在和小伙伴一起玩这个游戏的时候就发生了下面这些情况，请你帮忙想一想这些问题应该如何解决呢？

（1）应输入整数的时候输入了字母

有一次，我想将"炸弹"的下限设置为数字"0"，却不小心按成了字母"O"，结果程序就向我报告了以下错误，并终止了程序。

请设置炸弹的上限和下限

下限为：o

```
Traceback (most recent call last):
  File "E:\code\numBomb.py", line 4, in <module>
    downlimit =  int(input('下限为：'))
ValueError: invalid literal for int() with base 10: 'o'
```

我的解决办法：_____

（2）输入的数字超出了新的"炸弹"范围

有一次，"炸弹"的范围明明已经被缩小到 20 与 40 之间了，但我一时没有反应过来，输入了数字 10。按理说这时程序应该告诉我现在的范围是 20～40，10 不在这个范围内，应该重新输入一个数字。但是程序反而把范围扩大了，继续提示："炸弹在 10 到 40 之间"。

请设置炸弹的上限和下限

下限为：0

上限为：100

炸弹已埋下，炸弹在 0 到 100 之间……

请输入数字：1

炸弹在 1 到 100 之间

请输入数字：40

炸弹在 1 到 40 之间

请输入数字：20

炸弹在 20 到 40 之间

请输入数字：10

炸弹在 10 到 40 之间

我的解决办法：_____

（3）输入的上限比下限小

这次一开始就错了，我设了下限为 20，可是输入上限时，却输入了一个比 20 还小的数字 10。我立刻知道自己输错了，但是来不及了，程序已经报错并终止。

请设置"炸弹"的上限和下限

下限为：20

上限为：10

```
Traceback (most recent call last):
  File "E:\code\numBomb.py", line 6, in <module>
    bomb = random.randint(downlimit,uplimit)
    ……
ValueError: empty range for randrange() (20,11, -9)
```

我的解决办法：_____

看了这些经历，你会发现：这些意外都是在运行时发生的错误。Python 中，在语法正确的情况下，运行期间监测到的错误称为"异常"。

知识卡片——异常 & 语法错误

Python 中有两种错误：一种是"缺胳膊少腿"型的语法错误，另一种是"万万没想到"型的异常。错误和异常以不同类型出现，当发生错误和异常时，不用惊慌，错误报告会指引你一步一步完善程序，这也是对编程能力和思维能力的一种挑战。

- 语法错误：通常为程序代码的拼写错误，如 while 语句后面没加冒号、变量名错误等。程序运行时，语法分析器会指出错误在哪一行，并指出错误类型。比如，将 print() 函数错写为 prin()，程序会提示你：错误发生在 line 1，错误类型为 NameError。

```
>>> prin('a')
Traceback (most recent call last):
  File "<pyshell#0>", line 1, in <module>
    prin('a')
NameError: name 'prin' is not defined
```

> 知识卡片——异常 & 语法错误

- 异常：语法正确，在运行期间监测到的错误。如要将输入的内容转化为整数，但程序运行时用户没有输入整数、除数是零等。如果不对异常进行处理，程序运行时也会报错。比如，算式中除数为 0，错误类型为 ZeroDivisionError：

```
>>> 12/0
Traceback (most recent call last):
  File "<pyshell#2>", line 1, in <module>
    12/0
ZeroDivisionError: division by zero
```

面对这些错误和异常，如果程序中缺乏相应的应急处理机制，程序就会戛然而止，就像玩游戏时，会出现闪退等问题，问题出现的次数多了，你自然会丧失玩游戏的兴趣。对于某些程序来说，有的错误甚至会导致程序崩溃、内存溢出等问题。这样的程序就像一个抵抗力极低的病人，在面对各种病毒的入侵时，无法招架，全面崩溃。

作为一名优秀的程序员，我们应该让我们的程序"强大而且健壮"。所以我们不能忽视任何细节，要考虑到所有可能发生的情况。那么，设计一个"强大而且健壮"的程序的秘诀是什么呢？程序设计宝典上写着：对于可能出现的异常，你要么考虑可能发生的所有情况，一个一个地进行判断；要么使用 try 语句将可能的异常全抛出。

接下来我们就一起为目前这个不堪一击的"数字炸弹"游戏构建一个强大的防御系统吧！

5.7 构建防御系统——异常处理

5.7.1 确保输入的内容为整数

我们先来抵抗第一个可能入侵的异常——应输入整数时输入了字母。

还记得在《恐龙山洞》那一章里，玩家选择山洞编号的时候，只能选择 1 或者 2，为了保证玩家输入的内容不是其他数字或其他字符串,我们利用 while 语句设计了一个检查机制,来确保玩家最终输入的是 1 或者 2,这就是一个简单的防御机制。在这里,我们也可以设计一个检查机制来保证输入的内容为整数。

(1) 使用判断语句处理异常

我们已经知道如何判断输入的内容为某一个数字。那么,如何判断输入内容为一个整数呢? Python 中,字符串中有一个 isdigit() 方法可以判断该字符串是否长得像整数,即是否可以被转化成整数类型。这样,我们就可以在程序中调用该函数,让用户输入整数:

```
def getInteger():
    while True:
        num = input()
        if num.isdigit():
            num = int(num)
            return num
        else:
            print('请输入一个整数。')
```

通过字符串的 isdigit() 方法判断输入内容是否为整数

(2) 使用 try…except 语句监测异常

如何使用 try…except 语句来监测异常,并对异常进行处理呢?让我们先来认识一下这位专门负责处理异常的朋友——try…except 语句。

📖 **try…except 语句**

try…except 语句由两部分组成:一是 try 语句,二是 except 语句。try 语句就好比"捕快",负责抓"犯人",即捕获异常;except 语句就好比"法官",负责对"犯人"进行审判和处理,即对异常进行判断和处理。

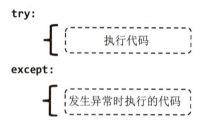

因此,为确保用户输入的内容为整数,我们可以将可能发生异常的语句 num = int(input()) 放在 try 语句下,把处理异常的语句 print('请输入一个整数') 放在 except 语句下:

```
01.  print('我不在抓捕范围！')
02.  while True:
03.      try:
04.          num = int(input('输入num'))
05.          break
06.      except:
07.          print('请输入一个整数')
```

> 若输入内容不为整数，int() 转化时则抛出异常

放在 try 语句中的程序就好比"嫌疑人"，有发生异常的可能，是"捕快"的管辖范围，一旦这里面有异常发生，就会立刻被程序捕获。相反，try 语句之外的句子不属于"捕快"的抓捕范围，不管有没有异常发生，都不会被捕获。在上面的程序中，第 1 行不属于"捕快"的抓捕范围，程序只检测第 4～5 行是否有异常发生。当程序执行到 int(input()) 语句时，若用户输入字母 'a'，接着执行 int('a') 时会发生异常，但"捕快"会立刻捕获到这个异常，并将其交给"法官"——except 语句，"法官"执行 except 语句的子句，输出"请输入一个整数"，作为对异常的处理。之后又继续进行 while 循环，直到第 4 行语句被正常执行，没有捕获到异常，接着才能执行第 5 行 break 语句，跳出循环。

📖 异常类型

在上面的例子中，当 int() 函数被传入无效参数 'a' 时发生异常，但事实上，在程序设计中，还有很多其他类型的异常，Python 的设计者早已替我们预想了很多可能会发生的异常，除了传入无效参数的异常，还有除数为 0 的异常、打开的文件不存在的异常、导入的模块没有被找到的异常……将这些异常都封装起来，称之为内置异常。内置异常有很多类型，比如，ValueError 代表传入无效参数的异常，ZeroDivisionError 代表除数为 0 的异常，等等。

"法官"可以针对不同类型的异常，执行不同的判决。例如，我们要计算 100 除以某个用户输入的整数的结果，可能发生哪些异常呢？①在用户输入环节，可

能输入非整数；②在除法计算环节，用户输入的除数可能为 0，因此，我们需要对两种异常分别进行监测和处理：

```
01. print('我不在抓捕范围！')
02. while True:
03.     try:
04.         num = int(input('输入num'))
05.         print('100/num = ' + str(100/num))
06.         break
07.     except ValueError:
08.         print('请输入一个整数')
09.     except ZeroDivisionError:
10.         print('除数不能为0，请重新输入')
```

> 监测两个可能出现异常的语句

> 对两种异常进行分别处理

当"捕快"捕获到异常并将其交给"法官"时，"法官"首先对"犯人"进行审判，即判断这是什么类型的异常，再根据审判结果对"犯人"执行不同的处理，即执行对应的 except 子句。在上面的程序执行过程中，若用户输入字母 'a'，则发生 ValueError，该异常被捕获，并交给"法官"，"法官"判断后执行第一种异常处理：输出"请输入一个整数"；若用户输入了整数 0，在执行到 100/num 语句时，发生 ZeroDivisionError，该异常被捕获，并交给"法官"，"法官"判断后执行第二种异常处理：输出"除数不能为 0，请重新输入"。

当然，如果"捕快"没有抓到"犯人"，即没有异常发生，就不需要劳烦"法官"了，两个 except 子句都不会被执行。

另外，如果不论出现何种异常，都要求作同样的处理，则可直接使用 except 子句，不指明异常类型。例如：

```
01. print('我不在抓捕范围！')
02. while True:
03.     try:
04.         num = int(input('输入num'))
05.         print('100/num = ' + str(100/num))
06.         break
07.     except:
08.         print('输入不合法，请重新输入。')
```

> 监测两个可能出现异常的语句

> 单独使用 except，不指明异常类型，捕获到异常即执行

📖 打印异常

在处理异常时，我们可以通过 print() 函数将异常信息打印出来。例如：

```
01. print('我不在抓捕范围！')
02. while True:
03.     try:
04.         num = int(input('输入num'))
05.         print('100/num = ' + str(100/num))
06.         break
07.     except Exception as e:     ← Exception为常规错误的基类，所有错误都属于Exception
08.         print(e)
```

运行示例：第 1 次用户输入的被除数为字母 'a'，程序输出异常信息后进入第 2 次循环；第 2 次用户输入的除数为数字 0，程序输出异常信息后进入第 3 次循环；第 3 次用户输入的除数为 2，没有异常被抛出，执行到 break 语句时跳出循环。

```
输入num:a
invalid literal for int() with base 10: 'a'      ← 第一次循环中输入非整数抛出的异常
输入num:0
division by zero      ← 第 2 次循环中输入 0 作为除数的异常
输入num:2
100/num = 50.0        ← 第 3 次循环，没有异常，计算 100/num，循环结束
```

- 加固程序

```
01. import random
02. def getInteger(tip=''):           ← 负责获取整数的函数，tip 为获取输入时的提示语，默认为空
03.     while True:
04.         try:
05.             num = int(input(tip))   ← getInteger() 函数要求玩家输入一个整数，并将该整数返回主程序
06.             return num
07.         except ValueError:
08.             print('请输入一个整数')
09. print('请设置炸弹的上限和下限')
10. downlimit = getInteger('下限为：')
11. uplimit = getInteger('上限为：')
12. bomb = random.randint(downlimit,uplimit)
13. print("炸弹在 {} 到 {} 之间……".format(downlimit,uplimit))
14. while True:
15.     guess = getInteger()          ← 调用 getInteger() 获取玩家输入的整数
16.     if guess==bomb:
17.         break
```

```
18.         # 更新炸弹范围
19.         elif guess<bomb:
20.             downlimit = guess
21.         elif guess>bomb:
22.             uplimit = guess
23.         print(" 炸弹在 {} 到 {} 之间 ".format(downlimit,uplimit))
24. print("boom! 炸弹爆炸了！")
```

在"数字炸弹"游戏中，有两处需要玩家输入整数：

① 游戏开始前输入"炸弹"数字的上下限为整数；

② 游戏进行中玩家选择的数字为整数。

因此，在这两处，我们都将原先调用的 input() 函数换成了 getInteger() 函数。getInteger() 函数将负责获取玩家输入的一个整数，并将这个整数返回给主程序。

另外，你可能已经注意到，我们为 getInteger() 函数设置了一个默认参数 tip=' '。为什么要传递这样一个参数呢？请看程序的 12～13 行，获取"炸弹"数字的上下限时，有提示语，而获取玩家选择的数字时，不需要提示语。

编程技巧——函数的默认参数

如果程序中有多处需要调用实现同一功能的函数，但这些地方并不一定会传入所有参数值，这时，就可以为不是必须的参数设置"空"的默认值。函数的默认参数使函数能够适应不同的情况。

📖 5.7.2 确保输入的数字是在新的"爆炸"范围内的整数

确保输入的数字是在新的"爆炸"范围内的整数，这句话其实包含了两个条件：

① 用户输入的这个数是整数；

② 这个整数的大小在一定的范围内。

我们在上面已经设计好了一个防御机制，用于确保用户输入的是整数，并把它封装为函数 getInteger()。现在，我们只需在新的防御机制 getGuessNum() 函数中，先调用 getInteger() 函数，获取一个整数，再判断此整数是否在相关范围内即可。像下面这样（形参 down 和 up 分别接收传入的"爆炸"上限和"爆炸"下限）：

```
def getGuessNum(down,up):
```

> 在 getGuessNum() 函数中调用 getInteger() 函数

```
while True:
    guess = getInteger()
    if guess<=down or guess>=up:
        print('请重新输入一个 {} 到 {} 的整数 '.format(down,up))
    else:
        break
```

在 getGuessNum() 函数内部调用 getInteger() 函数，便是一个函数调用另一个函数的情况，这在程序编写中是很常见的，同时也能大大提高代码效率。另外，请再想一想，这两个函数在程序中的顺序应该是怎样的呢？两者的顺序可以互换吗？为什么？

知识点——在函数内部调用其他函数

在函数内部，可以调用其他已经定义好的函数，而且一定要先定义被调用的函数，这就像制作一辆自行车之前得先把各个零件做好一样。因此，应先定义 getInteger() 函数，再定义 getGuessNum() 函数。

加固程序

在之前程序的基础上，增加 getGuessNum() 函数，并在原先获取玩家选择的数字的地方，将原先调用的 getInteger() 函数改为 getGuessNum() 函数。

5.7.3 确保输入的上限比下限大

在第一次加固程序中，我们已经通过 getInteger() 函数确保"炸弹"数字的上下限为整数，但是还不能保证输入的上限一定比下限大。比如，如果玩家输入的下限为 30，上限为 20，则之后我们通过 random.randint(downlimit,uplimit) 随机产生"炸弹"数字时，就会出错。因此，还需要为上下限的设置设计一个检查机制：

```
downlimit = getInteger('下限为：')      ← 确保用户输入内容为整数
while True:
    uplimit = getInteger('上限为：')
    if uplimit <= downlimit:
        print('请重新输入一个比下限大的整数作为上限。')
    else:
        break
```

- 加固程序

在之前程序的基础上，将设置"炸弹"上下限的程序代码修改为以上代码。

- 变"强"之后的"数字炸弹"程序：

```
01. import random
02. import time
03.
04. def getInteger(tip=''):
05.     while True:
06.         try:
07.             num = int(input(tip))
08.             return num
09.         except ValueError:
10.             print('请输入一个整数')
11.
12. def getGuessNum(down,up):
13.     while True:
14.         guess = getInteger()
15.         if guess<down or guess>up:
16.             print('请重新输入一个{}到{}的整数'.format(down,up))
17.         else:
18.             return guess
19.
20. # 游戏进行过程
21. def playGame():
22.     # 根据上下限设置随机数字作为炸弹
23.     print("请设置炸弹的上限和下限")
24.     downlimit = getInteger('下限为：')
25.     while True:
26.         uplimit = getInteger('上限为：')
27.         if uplimit <= downlimit:
28.             print('请重新输入一个比下限大的整数作为上限。')
29.         else:
30.             break
31.     bomb = random.randint(downlimit,uplimit)
32.     print("炸弹在{}到{}之间……".format(downlimit,uplimit))
33.     print()
34.     time.sleep(1)
35.
```

getInteger()函数：要求玩家输入一个整数，并将此数返回。输入提示语默认为空

getGuessNum()函数：获取玩家选择的数字，保证此数为范围内的一个整数，并将此数返回

要求玩家输入"炸弹"数字的上下限，并保证输入的上限大于下限

```
36.     # 游戏开始
37.     print(" 游戏开始，请输入一个你认为安全的数字：")
38.
39.     # 判断是否踩到炸弹
40.     while True:
41.         guess = getGuessNum(downlimit,uplimit)
42.         if guess==bomb:
43.             break
44.         # 更新炸弹范围
45.         elif guess<bomb:
46.             downlimit = guess
47.         elif guess>bomb:
48.             uplimit = guess
49.         print(" 炸弹在 {} 到 {} 之间 ".format(downlimit,uplimit))
50.
51.     print("boom! 炸弹爆炸了！")
52.
53. # 主程序
54. playGame()
```

调用 getGuessNum() 函数，要求玩家选择 downlimit 到 uplimit 范围内的一个整数

5.8 螺旋爆炸

在刚才的游戏中，我们只简单地用一句"boom！炸弹爆炸了！"来表示炸弹爆炸，缺少了一点视觉震撼感，如果我们在"炸弹"爆炸时，再呈现一个"爆炸"动画，一定会更加炫酷！

"螺旋爆炸"的形态呈螺旋样式向外发散，和陀螺旋转的样子一样。现在，就让我们一起用上一章学过的 turtle 绘图模块制作一个"螺旋爆炸"图吧。

在开始之前,请仔细观察一下"螺旋爆炸"图有什么特点,并把你的发现写在下面的空白区域里。

> "螺旋爆炸"图的特点(如,基本图形是什么?基本图形的布局有什么规律?基本图形之间有什么区别?)

可以看出,螺旋爆炸实际上是由一个一个的实心小圆点组成的,这些小圆点的颜色不一样,大小不一样,位置也不一样,但似乎又存在一定的规律,请你想一想到底是怎样的规律呢?我们怎样才能画出这样的螺旋爆炸图呢?

5.8.1 画圆点

首先,我们来尝试绘制螺旋爆炸的基本图形——实心圆点。绘制一个半径为 r,颜色为 color 的实心圆点的程序代码如下:

```
import turtle

r = 10
color = 'red'
t = turtle.Turtle()
t.color(color, color)      ← 设置画笔颜色和填充颜色为 color
t.begin_fill()
t.circle(r)
t.end_fill()               ← 绘制半径为 r 的圆
```

我们可以很容易地画出一个实心圆点,但是"螺旋爆炸"图里有那么多个圆点,而且每个圆点的颜色、大小、位置各不相同。如果我们一个一个地找到它们的位置,再一个一个地编写代码,画出圆点,实在是一项繁重的体力活!有什么更好的方法来绘制"螺旋爆炸"图吗?

📖 5.8.2 for 计数循环

之前我们已经认识了 while 条件循环,它能控制程序重复执行某些代码,直至条件不再满足时结束。现在,我们将认识另一种循环——for 计数循环(Counting Loop),它也能控制程序重复执行某些代码,不过循环结束的条件比较特殊,即当循环次达到一定次数时才结束循环。

for 循环类似乐谱中的反复记号。当乐手看到反复记号时,就会将反复记号括起来的部分重复弹奏两次或者更多次。在音乐中,通过反复记号,我们能大大缩减乐谱的长度;在 Python 中,for 循环也能大大缩减代码的长度,尤其是当循环次数较多时。

✏️ 画 5 个一样的圆圈

我们从画 5 个圆圈开始,来见识一下 for 循环的厉害之处。首先,我们用最直接的方法顺次编写绘制各个圆的代码:

```
01. import turtle

02. t=turtle.Turtle()
03. t.circle(10)      第1个圆
04. t.forward(20)
05. t.circle(10)      第2个圆
06. t.forward(20)
07. t.circle(10)      第3个圆
08. t.forward(20)
09. t.circle(10)      第4个圆
10. t.forward(20)
11. t.circle(10)      第5个圆
12. t.forward(20)
```

可以看到,只画了 5 个圈,就已经写了 12 行代码。所幸,我们发现每个圆的绘制过程是完全一样的，就像乐谱中经常重复的副歌，因此，我们可以像创作乐谱一样改写程序代码。在 Python 中，for 循环语句就是乐谱中的反复符号，能控制一段代码重复执行一定次数。下面的代码中，第 4～5 行是循环子句，它们将被连续重复执行 5 次。

```
01. import turtle
02. t = turtle.Turtle()
03. for i in range(0,5):
04.     t.circle(10)
05.     t.forward(20)
```

（1）for 循环语句的组成

for 循环由关键字 for、循环变量、循环序列和循环体等组成。

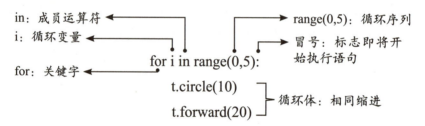

- **循环序列**：for 循环中的"储物柜"，有序存放着一系列数据。序列型数据都可以作为循环序列。这里，"储物柜"是由 range(0,5) 函数产生的一个从 0 到 4 的数字序列。每次循环之前，程序都通过成员运算符"in"从中取出下一个元素，当序列中的元素全部被取出时，返回 False，循环结束。
- **循环变量**：for 循环中的"计数员"，本质是一个变量，你可以给它取其他名字。每次循环中，"计数员"从循环序列中取出下一个元素。这里，第 1 次循环，i=0；第 2 次循环，i=1；……；第 5 次循环，i=4。
- **循环体**：for 循环中的"执行者"，每次循环中被执行的语句（块），有相同的缩进。

知识卡片——range() 函数

函数功能：range() 函数是 Python 的内置函数，它将产生一个左闭右开区间内的整数序列，从给定的第一个数开始，到给定的第二个数之前结束。例如，

range(0,5) 返回 [0,5) 区间的整数：0，1，2，3，4;range(1,3) 返回序列 1，2。

参数简写：当 range() 函数产生的序列是从 0 开始时，可以省略 0。例如，range(0,5) 可以简写为 range(5)。

步长参数：range() 函数可以设置数字序列产生的"步长"或数字之间的间隔。若不传入步长参数，步长默认为 1。例：从 0 到 99，每隔 7 个数打印一次：

```
for i in range(0,99,7):
    print(i)
```

其中，0 是起点，99 是终点，7 是数字序列的步长。range(0,99,7) 返回整数序列：0，7，14，21，28，……，98。

步长也可设为负数，但是终点的数应该比起点的数小才符合逻辑。例：从 99 到 0，每隔 7 个数打印一次：

```
for i in range(99,0,-7):
    print(i)
```

做一做

编写程序，分别计算 1 到 100 内所有奇数之和以及 1 到 100 内所有偶数之和。

想一想

for 循环和 while 循环都属于循环语句，它们有何共同之处？有何不同之处？其适用场景分别是怎样的？用 for 循环画 5 个圆圈的程序可以用 while 循环实现吗？请你改写程序，试一试。

```
# 使用 for 循环：
import turtle
t = turtle.Turtle()
for i in range(5):
    t.circle(10)
    t.forward(20)
```

```
# 使用 while 循环：
import turtle
t = turtle.Turtle()
num = 5
i = 0
while i<num:
    t.circle(10)
    t.forward(20)
    i = i + 1
```

for 循环 VS while 循环

for 循环和 while 循环都属于循环结构，都能控制程序循环执行一段代码，且对程序的控制都依赖于条件判断，条件满足时，执行循环体，否则，循环结束。

所不同的是，for 循环需要对序列进行遍历，且其条件比较特殊，为"循环序列中的元素是否被取完"，而 while 循环可以对任何条件进行判断。

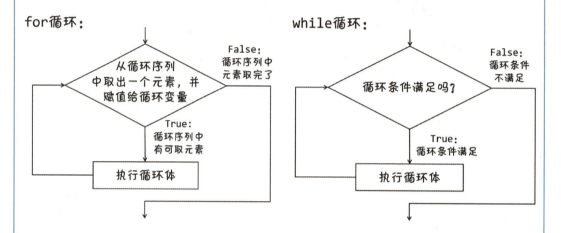

由此可见，当需要程序循环执行一定次数，或需要遍历一个序列时，使用 for 循环更好；当循环次数未知，使用 while 循环更好。

因此，在 5 个圆圈的绘制任务中，显然是使用 for 循环更加明智啦。

画 5 个不一样的圆圈

刚才，我们利用 for 循环重复执行了 5 次画圆圈的操作，每个圆圈大小相同，现在我们要画 5 个大小不一的圆圈，for 循环能做到吗？

（2）循环变量

请你找找，在刚才的程序中，哪个变量是变化的？对了，就是 i——循环变量。每一次循环中，循环变量逐个取出循环序列中的元素，因此，若我们把 i 加在圆圈的半径上，每个圆圈的大小就会各不相同了。

```
import turtle
t = turtle.Turtle()
```

```
for i in range(5):
    t.circle(i+10)
    t.forward(30)
```

t.circle(i+10)：在循环体里使用循环变量 i

通过将半径的值设置为 i+10，从第 1 次循环到第 5 次循环，画笔将依次画出半径为 11、12、13、14、15 的圆圈。

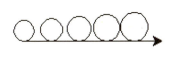

请你想一想，如果要让 5 个圆圈紧挨着彼此，应该怎么修改上面的程序呢？动手试一试吧！

（小提示：分析一下每个圆的半径和其与相邻圆的圆心之间的距离有怎样的关系。）

做一做

打印 1 ～ 100 的整数。

```
for i in range(100):
    print(i+1)
```

这里是 i+1 而不是 i，想想这是为什么

（3）跳出循环——break 和 continue

和 while 条件循环一样，for 循环也可以使用 break 跳出循环，使用 continue 直接跳到循环的下一次迭代。

例：0 ～ 99 的数字，输出除了 7 的倍数以外的所有数字。

```
for i in range(100):
    if i%7 == 0:
        continue
    else:
        print(i)
```

i%7 为 i 除以 7 得到的余数，余数为 0 说明是 7 的倍数，跳过，不将其打印出来

例：找到 0 ～ 99 中第 10 个含"7"或是 7 的倍数的数，如 7、14、17。

```
cnt = 0
for i in range(100):
    if i%7==0 or '7' in str(i):
        cnt = cnt + 1
        if cnt==10:
            print(i)
            break
```

str(i) 可将数字转化为字符串；in 运算符可判断出前面的字符串是否包含在后面的字符串中

当找到第 10 个符合条件的数时，将其打印出来，并跳出循环

5.8.3 绘制"螺旋爆炸"图

至此,我们已初步认识了 for 循环,它将如何简化绘制"螺旋爆炸"图的代码呢?

不可否认,"螺旋爆炸"图是一个比较复杂的图形,乍一看可能觉得难以下手。但是"万物之始,大道至简",大多数复杂事物都是从最简单的事物发展来的。因此,我们不妨从简单的正方形开始探索,一步步变形,直到最终进化出我们想要的图形。这听起来有些不可思议,但一会儿你就会发现它们之间确实存在一些联系,让我们一起来探索吧。

任务一:正方形

用 turtle 模块画一个正方形对你来说一定不是难事。尤其是你认识 for 循环之后,就可以用 for 循环来简化你的程序了,如右边所示的代码:

```
import turtle

t = turtle.Turtle()
t.forward(10)
t.left(90)
t.forward(10)
t.left(90)
t.forward(10)
t.left(90)
t.forward(10)
t.left(90)
```

```
import turtle

t = turtle.Turtle()
for i in range(4):
    t.forward(10)
    t.left(90)
```

边长为 10

边数为 4,因此循环 4 次

任务二:螺旋四边形

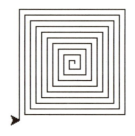

? 螺旋四边形和正方形相比，有何相同之处？有何不同之处？

相同之处	相邻边之间的夹角都为 90°，画下一条边之前，都需将画笔向左旋转 90°	
不同之处	正方形	螺旋四边形
边数	4 条边	共 10 层，每一层有 4 条边，共 4*10=40 条边
边长	各条边长相等，均为 10	从最里面的边到最外面的边，每一条边都比上一条边长一点，如此方能形成"螺旋"之态

? 要将正方形变为螺旋四边形，应该如何修改程序呢？

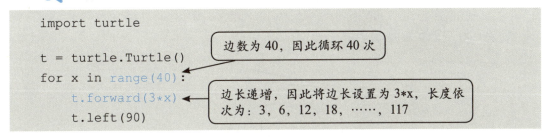

```
import turtle
t = turtle.Turtle()
for x in range(40):
    t.forward(3*x)
    t.left(90)
```

- 边数为 40，因此循环 40 次
- 边长递增，因此将边长设置为 3*x，长度依次为：3, 6, 12, 18, ……, 117

任务三：扭曲的螺旋四边形

? 扭曲的螺旋四边形和不扭曲的螺旋四边形相比，有何相同之处和不同之处？怎样才能让图形"扭曲"起来呢？请比较两个图形，并将下面的表格补充完整。

相同之处	都有 40 条边，各条边的边长由里到外递增	
不同之处	正方形	螺旋四边形
相邻边之间的夹角	90°	

可以发现，在正方形中，相邻边之间的夹角都为 90°，而在螺旋四边形中，相邻边之间的夹角总比 90°大一点，比如 91°，这样才能让螺旋四边形扭曲

起来。因此，我们只需修改程序中旋转角度的数值，即可绘制出一个扭曲的螺旋四边形了。

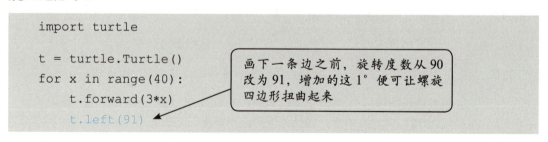

```
import turtle

t = turtle.Turtle()
for x in range(40):
    t.forward(3*x)
    t.left(91)
```

画下一条边之前，旋转度数从90改为91，增加的这1°便可让螺旋四边形扭曲起来

想一想，当旋转的角度更大或更小时，画出的图形会变成什么样子？试试看吧。

任务四：扭曲的螺旋五边形

扭曲的螺旋五边形和扭曲的螺旋四边形相比，有何相同之处？又有何不同之处？请比较、分析两个图形，并将下面的表格补充完整。

相同之处	各条边的边长由里到外递增	
不同之处	扭曲的螺旋四边形	扭曲的螺旋五边形
边数	40	
相邻边之间的夹角		

可以看出，与扭曲的螺旋四边形相比，扭曲的螺旋五边形同样有10层，但每一层有5条边，因此，一共有5*10=50条边。那相邻边之间的夹角如何计算呢？我们知道正四边形的内角为360°/4=90°，正五边形的内角为360°/5=72°，而要让一个正多边形"扭曲"起来，只需让其相邻边之间的夹角更大一点，因此，扭曲的螺旋五边形相邻边之间的夹角可以为360°/5+1，加的这个数越大，图形就越扭曲。

```
import turtle
t = turtle.Turtle()
for x in range(50):
    t.forward(3*x)
    t.left(360/5+1)
```

边数为 50，因此循环 50 次

旋转角度改为 360°/5+1。扭曲：在正多边形内角夹角的基础上，再多旋转一点，增加扭曲程度

❓ 如果是扭曲的螺旋六边形、七边形……，又该如何设计代码呢？

❓ 观察扭曲的螺旋五边形，它和我们最终想要得到的"螺旋爆炸"图之间有什么联系吗？

任务五：简易"螺旋爆炸"图

现在，我们在扭曲的螺旋五边形的每个顶点上，都画出一个半径为 2 的小圆，你是否觉得这个图形似曾相似呢？原来，扭曲的螺旋五边形，就是"螺旋爆炸"的路径！

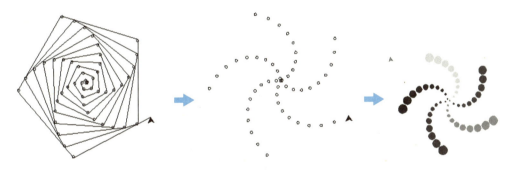

既然如此，我们便可以沿着扭曲的螺旋五边形，找到"螺旋爆炸"图中各个圆点的位置，并依次将它们画出来。为了不让路径显示出来，我们可以用"跳跃"的方式——penup() 和 pendown()。

```
import turtle

t = turtle.Turtle()
for x in range(50):
    t.circle(2)
    t.penup()
    t.forward(3*x)
    t.left(360/5+2)
    t.pendown()
```

在顶点处绘制"螺旋爆炸"中的圆点

+2：加大图形扭曲程度

抬笔，移动到下一个圆点位置后，再落笔

任务六:"螺旋爆炸"进化——圆点大小

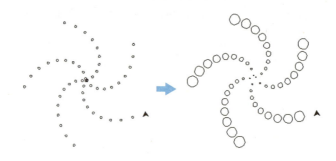

现在,我们已经能够准确定位每一个实心圆点的位置了,但是"螺旋爆炸"中每个实心圆点的大小和颜色都不一样。请你观察一下,"螺旋爆炸"中各圆点的大小有什么规律吗?尝试修改程序。

从上面的图中可以看出:实心圆点从内向外,半径不断变大。在 for 循环中,我们可以通过循环变量来控制半径的变化。

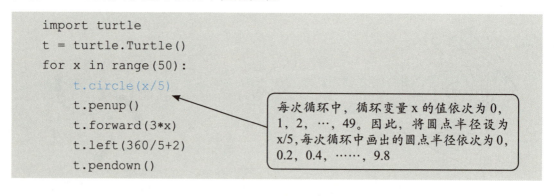

```
import turtle
t = turtle.Turtle()
for x in range(50):
    t.circle(x/5)
    t.penup()
    t.forward(3*x)
    t.left(360/5+2)
    t.pendown()
```

每次循环中,循环变量 x 的值依次为 0,1,2,…,49。因此,将圆点半径设为 x/5,每次循环中画出的圆点半径依次为 0,0.2,0.4,……,9.8。

任务七:"螺旋爆炸"进化——圆点颜色

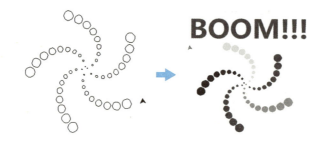

现在,"万事俱备只欠东风"。接下来我们只需借来"东风",为圆点涂上颜色即可。

仔细观察一下,发现螺旋爆炸的 5 个方向的每一条弧线都是同一个颜色。程序画圆的顺序是从里到外,一圈一圈画出来的。那么涂色的顺序应该是怎样的呢?

请尝试把每次循环里圆点的颜色按顺序写在下面的横线上：

_____

_____

如果第一个点是红色，那么涂色的顺序应该是：

红—黄—蓝—绿—橙—红—黄—蓝—绿—橙—红—黄—蓝—绿—橙—红—黄—蓝—绿—橙……

可以看出，颜色的顺序是周期性的，"红—黄—蓝—绿—橙"5个颜色为一个周期。

想一想

在程序中如何周期性地获取颜色值呢？

数学中的"余数"是一项伟大的发明，因为它能帮我们解决"周期"的问题。例如，除数为5，则余数只有0、1、2、3、4这5种情况。若用连续的整数除以5，得到的余数将会呈周期性变化。

在Python中，我们可以通过取余运算符"%"获得两数相除的余数。

那么是否可以用余数来周期性地设置圆点的填充颜色呢？

$0 \div 5 = 0 \cdots\cdots 0$
$1 \div 5 = 0 \cdots\cdots 1$
$2 \div 5 = 0 \cdots\cdots 2$
$3 \div 5 = 0 \cdots\cdots 3$
$4 \div 5 = 0 \cdots\cdots 4$
$5 \div 5 = 1 \cdots\cdots 0$
$6 \div 5 = 1 \cdots\cdots 1$

在 for 循环中周期性遍历元组中的元素

当画笔需要周期性地蘸取5种颜色的颜料时，可以先把这5种颜色的颜料按顺序放在颜料盒里，并为它们编号，接着就可以通过颜料的号码表示下一个应该蘸取哪种颜色的颜料。这样，我们将具体的颜色转化为数字，便可以通过数学中的余数来周期性地获取不同的颜色了。

颜色	red	yellow	blue	green	orange
编号	0	1	2	3	4

在Python中，有一种像上面说的颜料盒一样的数据类型——元组。关于元组，在下一章有更详细的介绍，这里我们只需要知道，它和字符串一样，其中可以有序存放多个元素，我们可以通过下标访问元组中的各个元素。元组里面的元素用圆括号"()"包围起来，元素之间用逗号","隔开，元素从0开始编号。

例如，将5个颜色顺序地放入一个元组，并将其赋值给color变量：

```
color = ('red','yellow','blue','green','orange')
```

这样，就可以通过下标数字取出 color 元组中的各个颜色了：

color[0] 表示第 1 个元素 'red'；
color[1] 表示第 2 个元素 'yellow'；
……

color[x%5] 表示第 x%5+1 个元素。其中，当 x 依次取大于等于 0 的整数 0，1，2，3，4，5，6，7，8，9，10……时，x%5 的值呈周期性变化 0，1，2，3，4，0，1，2，3，4……，color[x%5] 周期性地取 "red" "yellow" "blue" "green" "orange"；"red" "yellow" "blue" "green" "orange"；……

根据以上的分析，可以在循环中周期性地设置实心圆点的颜色了。

```python
import turtle

t = turtle.Turtle()
color=('red','yellow','blue','green','orange')
for x in range(50):
    t.pencolor(color[x%5])
    t.fillcolor(color[x%5])
    t.begin_fill()
    t.circle(x/5)
    t.end_fill()
    t.penup()
    t.forward(3*x)
    t.left(360/5+2)
    t.pendown()
```

存放"螺旋爆炸"中圆点颜色的元组

将画笔颜色和填充颜色都设置为 color[x%5]，周期性地调用颜色元组中的颜色

"螺旋爆炸"图进化史

为了画出"螺旋爆炸"图，我们从正方形开始，到螺旋四边形，到扭曲的螺旋四边形，到扭曲的螺旋正五边形，再到最后的"螺旋爆炸"，这是一个多么有趣的过程，妙哉！

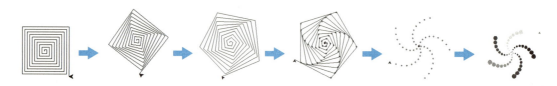

华罗庚说：神奇化易是坦道，易化神奇不足提。万变不离其宗，看似复杂的事情往往可以在最简单的地方找到共通点。因此，面对复杂问题，不妨逆向思考，

去繁就简，从简单问题入手，再一步一步增加条件，不断比较分析简单问题和复杂问题之间的异同点，找到两者之间连接的桥梁，慢慢地揭开复杂问题的神秘面纱，这种方法，我们可以称之为——化归。

化归——化繁为简的问题解决方法

虽然大多数时候，我们努力地去寻找问题的结论，就能获得成功，但若遇到"山穷水尽"的情况时，不妨考虑"退一步"，回到熟悉的问题上，也会有"柳暗花明"的时候。在面对复杂问题时通过分解、变形、代换等方法，将问题转化为一个熟悉的基本问题，能帮助我们更好地找到解决复杂问题的办法。

数学中，我们也常常使用化归的思想方法来解决问题。比如，学习平行四边形面积时，我们将平行四边形割补为长方形，从而推导出平行四边形面积的公式：$S=底 \times 高$。

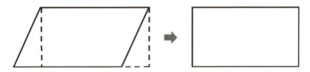

再比如，求 198^2-197^2 的值时，我们可以运用平方差公式将数学式化简：
$198^2-197^2 = (198+197)(198-197) = 198+197 = 395$

想想看，在学习和生活中，你是否也曾用过化归的思想方法呢？和大家分享一下。

现在，我们将"螺旋爆炸"图的绘制过程放入函数中，方便程序调用。

- 设计"螺旋爆炸"图绘制函数：

```
# 画出螺旋炸弹
def drawBomb(t):
    t.speed(0)
    colors=("red","yellow","blue","green","orange")
    for x in range(50):
        t.pencolor(color[x%5])
        t.fillcolor(color[x%5])
        t.penup()
```

```
            t.forward(x*3)
            t.pendown()
            t.begin_fill()
            t.circle(1+x/5)
            t.end_fill()
            t.left(360/5+2)
    t.penup()
    t.goto(-140,100)
    t.pencolor("red")
    t.write("BOOM!!!",font=(' 微软雅黑 ', 50, 'bold'))
    t.pendown()
```

- 修改主程序

在主程序中，进行如下调整：创建一个 turtle 对象 t，调用 drawBomb() 函数，并传入 t。当 playGame() 语句执行完毕，意味着游戏结束，"炸弹"爆炸，开始绘制"螺旋爆炸"图。

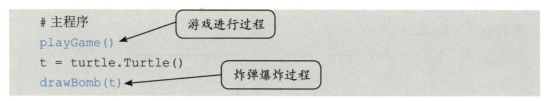

```
# 主程序
playGame()          ← 游戏进行过程
t = turtle.Turtle()
drawBomb(t)         ← 炸弹爆炸过程
```

5.8.4 绘制超强火力的"螺旋爆炸"图

在"数字炸弹"游戏中，只绘制了一个"螺旋爆炸"图，现在我们希望"炸弹"的火力更大一些，画出满屏的"螺旋爆炸"图，应该怎么设计代码呢？

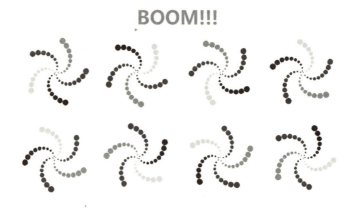

在以前，我们可能会依次找到每个"螺旋爆炸"的位置，并调用 drawBomb(t) 函数绘制各个位置上的"螺旋爆炸"。但是毫无疑问，这是一种费时费力的笨办法。现如今我们有了 for 循环，想想看它能否助力我们绘制超强火力的"螺旋爆炸"图呢？

不妨用化归的方法来思考一下这个问题：

① 将每个螺旋爆炸图形简化为一个"*"；
② 将"在 turtle 画布上输出"简化为"在 shell 中打印输出"。

于是，我们将这个复杂问题简化为：打印输出 2 行 4 列 "*"，如下所示：

```
* * * *
* * * *
```

（1）如何打印一行"*"？

一行中有 4 个"*"，我们可以用 for 循环连续打印 4 次"*"：

```python
for i in range(4):
    print('*', end=' ')
```
← 以空格符作为结尾符，让一行"*"之间以空格分开

（2）如何打印两行"*"？

打印每一行"*"的操作都是一样的，因此，我们不妨把打印一行"*"的代码看作一个整体，利用 for 循环连续打印 2 行"*"：

```
for hang in range(2):
    打印一行"*"
    print()  # 换到下一行
```

现在我们只需将循环体的内容替换为具体的代码：

```python
for hang in range(2):
    for lie in range(4):
        print('*',end=' ')
    print()
```
打印一行"*"的代码

可以看到，在上面的代码中，由两层循环嵌套组成。外层循环控制行数，内层循环控制列数。在打印完一行"*"之后，由于没有自动换行，所以需要一个 print() 换行操作。

知识卡片——循环嵌套

就像条件语句可以嵌套一样,循环语句也可以嵌套,其核心思想都是把被嵌套的部分看作一个"整体"。从空间的角度看,单层循环对应一维空间,双层循环对应二维平面空间,三层循环对应三维立体空间,多层循环对应多维空间。

循环嵌套,能让我们用较少的代码实现复杂的计算。但是当循环嵌套次数较多时,意味着计算复杂度也很大,循环嵌套的计算量随着循环嵌套的层数呈倍数增长,在上面的程序中,需计算 (4+1)×2 次。(程序中,计算次数为指令执行次数)。因此,应尽量避免太多和太深的循环嵌套。

(3) 如何打印 5 行不同个数的 "*"?

现在,我们对打印 "*" 的任务做一个升级:要求打印出 5 行 "*",且第一行 1 个 "*",第二行 2 个 "*",逐行递增,输出如下图案:

```
*
* *
* * *
* * * *
* * * * *
```

观察图形并思考:与之前打印 2 行 4 列 "*" 的任务相比,此任务有何不同?图形中有几行 "*"?各行中有多少个 "*"?其数量与什么有关?如何修改代码,可以实现这样的输出?

在之前打印 2 行 4 列 "*" 的任务中,每一行 "*" 的输出都是一样的,而现在每一行的 "*" 的个数都不相同,但又有规律可寻:第一行 1 个 "*",第二行 2 个 "*",……可见,每一行 "*" 的个数等于其所在行数,这时,需要控制行数的循环变量发挥它的另一个作用。

```
for hang in range(5):
    lieNum = hang+1
    for lie in range(lieNum):
        print('*',end=' ')
    print()
```

> 控制每一行 "*" 个数的内层循环中,循环次数由所在行数控制,为 hang+1

当然，我们也可以直接将程序写为：

```
for hang in range(5):
    for lie in range(hang+1):
        print('*',end=' ')
    print()
```

（4）如何在 turtle 画布中绘制满屏的"螺旋爆炸"图？

现在，让我们尝试在 turtle 画布中绘制满屏的"螺旋爆炸"图。和在 shell 中输出几行几列的"*"类似，完成这个任务，我们需要使用双重循环，外层循环和内层循环分别控制"螺旋爆炸"的横坐标 x 和纵坐标 y：

```
import turtle

def drawBomb(t):
    t.speed(0)
    color=("red","yellow","blue","green","orange")
    for x in range(50):
        t.pencolor(color[x%5])
        t.fillcolor(color[x%5])
        t.penup()
        t.forward(x*3)
        t.pendown()
        t.begin_fill()
        t.circle(1+x/5)
        t.end_fill()
        t.left(360/5+2)

t = turtle.Turtle()
for x in range(-500,500,300):
    for y in range(-200,200,300):
        t.penup()
        t.goto(x,y)
        t.pendown()
        drawBomb(t)
```

> 外层循环控制螺旋爆炸中心的横坐标 x。x 在 [−500,500) 之间，左右两个爆炸之间间隔 300

> 内层循环控制螺旋爆炸中心的纵坐标 y。y 在 [−200,200) 之间，上下两个爆炸之间间隔 300

> 内外两层循环的循环变量共同控制螺旋爆炸中心的位置

5.9 游戏升级任务

游戏升级委托书

亲爱的游戏制作人：

你好！

关于《数字炸弹》这款游戏，有玩家希望能增加一些功能，使游戏的体验感更好。我们需要你来协助我们完成《数字炸弹》游戏的升级。在这次的升级任务中，你需要——

1. 使程序支持输入游戏人数，并为玩家编号；

2. 在玩家报数之前提示玩家编号，并在游戏结束时宣布踩到"炸弹"的是几号玩家。

除以上要求之外，你可以充分发挥想象，设计新的游戏规则，或增加新的游戏功能。

亲爱的游戏制作人，请首先在下面的空白处写下你的想法，然后动手编程实现它，创造一个崭新的游戏世界吧！

请输入游戏人数：5
下限为：0
上限为：100

1 号玩家：20
炸弹在 20 到 100 之间
2 号玩家：40
炸弹在 40 到 100 之间
……
1 号玩家：55
1 号玩家踩到了炸弹！
BOOM！炸弹爆炸了！

游戏剧情：　　　　　游戏角色：

游戏规则：　　　　　游戏交互方式：

其他：

亲爱的游戏制作人，为使编程思路更清晰，你可以在下方空白处先画出你的程序流程图。

- 升级示例：

```
import random
import turtle
import time

# 获取整数输入
def getInteger(tip=''):
    while True:
        try:
            num = int(input(tip))
            return num
        except ValueError:
            print('请输入一个整数')

# 获取玩家猜测数字
def getGuessNum(down,up):
    while True:
        guess = getInteger('{}号玩家：'.format(player))
        if guess<down or guess>up:
            print('请重新输入一个 {} 到 {} 的整数'.format(down,up))
        else:
            return guess
```

> 获取玩家输入数字时，访问全局变量 player，以提示玩家编号

```python
# 游戏进行过程
def playGame():
    # 根据上下限设置随机数字作为炸弹
    print("请设置炸弹的上限和下限")
    downlimit = getInteger('下限为：')
    while True:
        uplimit = getInteger('上限为：')
        if uplimit <= downlimit:
            print('请重新输入一个比下限大的整数作为上限。')
        else:
            break
    bomb = random.randint(downlimit,uplimit)
    print("炸弹在{}到{}之间……".format(downlimit,uplimit))
    print()
    time.sleep(1)

    # 游戏开始
    print("游戏开始，请输入一个你认为安全的数字：")

    # 判断是否踩到炸弹
    while True:
        global player
        player = player + 1
        if player>playerNum:
            player = 1
        guess = getGuessNum(downlimit,uplimit)
        if guess==bomb:
            print('{}号玩家踩到了炸弹！'.format(player))
            break
        # 更新炸弹范围 & 玩家编号
        elif guess<bomb:
            downlimit = guess
        elif guess>bomb:
            uplimit = guess
        print("炸弹在{}到{}之间".format(downlimit,uplimit))

    # 炸弹爆炸
    print("boom! 炸弹爆炸了！")

# 主程序
playerNum = getInteger('请输入游戏人数：')
player = 0
playGame()
```

> 在函数中，由于要为 player 变量重新赋值，因此需用关键字 global 将 player 声明为全局变量，否则会被看作局部变量

> 每次循环中，更新玩家编号 player

> 游戏结束时，访问全局变量 player，以输出踩到炸弹的玩家编号

> 在主程序中声明全局变量 player（存储玩家编号）和 playerNum（存储玩家人数），可在任意函数中被访问

本章小结

在这一章,我们通过 try 语句,让程序自动捕获运行中出现的异常,并自动处理。在绘制"螺旋爆炸"图时,我们认识了一个新的循环语句——for 计数循环,它和 while 循环一样,都在达到某个条件时结束循环,只是 for 循环的结束条件比较特殊——当循环达到一定次数时结束循环,for 循环常被用于遍历一组数据中的各个元素。

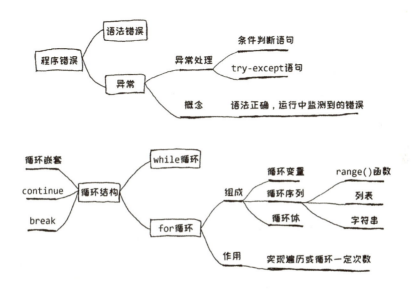

练一练

1. 关于异常处理,下列选项说法错误的是(   )。
   A. 用户输入整数时可能发生 ValueError 异常
   B. 将某个变量作为除数时,可能发生 ZeroDivisionError 异常
   C. 在 Python 中,通过 try 语句可以捕获异常
   D. 应将可能发生异常的语句放在 except 语句下面
2. 观察下列程序,将程序运行次数写在下方横线上。

```
for i in range(100):
    print(i)
```

运行次数:_____

```
for i in range(1,100):
```

```
    print(i)
```

运行次数：_____

```
for i in [1,2,3,4]:
    for j in ['a','b','c']:
        print("{}:{}".format(i,j))
```

运行次数：_____

3. 输入一个正整数，判断其是否为质数（除了 1 和它自身以外不再有其他的因数）。请分别用自然语言、流程图和计算机语言来描述本题的算法，然后编程，进行实现。

自我评价表

☆ 我的游戏设计具有特色	☐
☆ 我在程序设计中尝试了新的语法	☐
☆ 我在程序设计中尝试了新的设计思路	☐
☆ 我在程序设计中考虑了程序运行中多种可能出现的情况，并做了处理	☐
☆ 我在程序设计中解决了别人不敢碰的难题	☐
☆ 我的程序代码逻辑清晰，具有很好的可读性，方便维护	☐

第六章　田忌赛马

6.1　本章将会遇到的新朋友

- 元组
- 列表
- 枚举算法

6.2　田忌赛马

田忌赛马的故事我们都听过，齐国大将田忌和齐威王约定赛马，三局两胜。比赛时，齐王总用自己的上马对田忌的上马，中马对中马，下马对下马，但由于齐王每个等级的马都比田忌强一些，所以田忌每次比赛都失败。孙膑是田忌的好友，见田忌每次都败，便给他出了个主意，让田忌更换马的出场顺序，最终田马以弱胜强，战胜了齐马。这个故事也一直流传至今，传为一段佳话。

想一想

为什么孙膑仅仅更换了一下马的出场顺序，就获胜了呢？能否利用计算机找到使田马获胜的方式？不妨将田马和齐马的对战方式写在下面的表格中，分析一下。

	第一场	第二场	第三场	获胜方
齐王	上	中	下	
田忌1				

161

通过填写表格，我们可以发现，田忌一共有 3 匹马，由于每匹马只能出场一次，因此一共有 6 种出场方式。其中，只有当田马采取"下马 - 上马 - 中马"的出场顺序时，才有可能以 2:1 的比分获胜，而如果采取其他出场方式，田忌获胜的可能性几乎为零。

	第一场	第二场	第三场	获胜方
齐王	上	中	下	
田忌 1	上（败）	中（败）	下（败）	齐王
田忌 2	上（败）	下（败）	中（胜）	齐王
田忌 3	中（败）	上（胜）	下（败）	齐王
田忌 4	中（败）	下（败）	上（胜）	齐王
田忌 5	下（败）	上（胜）	中（胜）	田忌
田忌 6	下（败）	中（败）	上（胜）	齐王

6.2.1 尝试解决

通过以上分析，请你想一想，我们能否用计算机找到使田马获胜的出场方式呢？如果可以的话，需要经过哪些步骤呢？可以将该问题分解为几个子问题吗？

在设计程序的过程中，下面的表格可以帮助我们进行分析和思考。

- 对象表征

项目中的对象	变量
田忌的马	
田忌获胜次数	

- 对象关系表征

对象之间的关系	表达式
田忌获胜	

- 对象处理过程表征

对象处理过程	程序指令

- 程序流程图

请结合你对问题的分析，在下面的空白区域绘制流程图，并尝试自己设计程序代码。

6.2.2 问题分解

田马和齐马均只能出场一次，三局两胜，每个等级的齐马都比田马强一些，但田忌的上马可以战胜齐王的中马，田忌的中马可以战胜齐王的下马。根据这一游戏规则，我们可以计算出每种出场方式的获胜方。问题的关键就在于找到能够使田马获胜的出场方式。我们可以将问题分解为如下 2 个子问题：

① 遍历田马的所有出场方式；
② 判断每种出场方式中田马能否获胜。

6.3 问题1：如何遍历田马的所有出场方式？

要想遍历田马的所有出场方式，我们先来研究一下田忌所拥有的马。田忌有上等、中等、下等 3 匹马，这 3 匹马有一个共同点，即都是"田忌的马"。在以往的程序中，我们所见到的数据都是单打独斗的，比如字符串 'a'，数字 10，它们彼此之间没有关系，这里田忌的上马、中马和下马则是一组有着特殊关系的数据。在上一章，"螺旋爆炸"中的 5 种颜色，也是一组有着特殊关系的数据，它们都属于"螺旋爆炸中圆点的颜色"，那时我们用了一种"容器"——元组，来存储它们。这里，为了表示出田忌各匹马之间的特殊关系，我们同样可以用元组来存储它们。

📖 6.3.1 元组

（1）元组的创建

元组和数字、字符串一样，是 Python 中的基本数据类型之一，属于序列型数据，它是一个特殊的"容器"，可以有序存放多个数据，用小括号"()"包围起来，数据之间用逗号","隔开。例如，创建一个元组 horse，存储田忌的 3 匹马：

```
horse = ('上马', '中马', '下马')
```

在元组 horse 中，有 3 个元素，都是字符串，但事实上，元组中的数据可以是任意类型，同一个元组中的元素可以相同，也可以不同。当元组的元素也是元组的时候，我们称之为"二维元组"。例如，创建一个二维元组 horse2，存储田忌和齐王的三匹马：

```
horse2 = (('上马', '中马', '下马'), ('上马', '中马', '下马'))
```

（horse2 中的第一个元素；horse2 中的第二个元素）

在二维元组 horse2 中，有两个元素，且这两个元素都是元组，我们可以把它们分别看作一个整体，第一个元组中存储田忌的马，第二个元组中存储齐王的马。

序列型数据

序列型数据是能够表示一组数据之间特殊关系的一种组合数据类型。序列型数据中的各个元素都是有顺序地进行存放的。例如，range() 函数返回的数字序列、字符串、元组以及之后会看到的列表都是序列型数据。

（2）访问元组中的值

当将一组数据有顺序地组织起来后，就可以通过下标去访问它们，在元组中，下标从 0 开始。

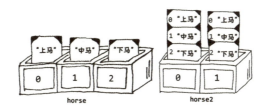

例如，要想访问田忌的第一匹马，可以访问一维元组 horse 中的第一个元素 horse[0]，也可以访问二维元组 horse2 中第一个元素 horse2[0] 中的第一个元素 horse2[0][0]：

> print('从一维元组中访问田忌的第一匹马：' + horse[0])
> print('从二维元组中访问田忌的第一匹马：' + horse2[0][0])

二维元组中，horse2[0] 也是一个元组，其中存储着田忌的 3 匹马，其输出结果为：

> ('上马','中马','下马')

因此，horse2[0][0] 才是指田忌的第一匹马。

在 Python 中，元组的索引除了可以为正还可以为负。负数索引表示从右边往左数，最右边的元素的索引为 -1，从右边数第二个元素为 -2。例如，通过 horse[-1] 可访问 horse 元组中的最后一个元素"下马"。

想一想

现在，请思考一个问题：如何设计程序，以遍历元组中的所有元素？

元组中的各个元素是有序排列的，它们可以通过下标被访问，在程序设计中，可以通过循环语句遍历元组中的所有元素。循环和序列型数据的结合，往往能简化程序。例如，遍历田马：

```
horse = ('上马', '中马', '下马')
for i in range(3):
    print(horse[i])
```

（i 从 0 取到 2，循环依次输出 horse[0],horse[1],horse[2]）

事实上，除了可以用 range() 函数来控制循环的次数，元组也可以直接作为循环序列，每一次循环中，程序都从元组中取出一个元素，赋值给循环变量。因此，程序也可以这样写：

```
horse = ('上马', '中马', '下马')
for h in horse:
    print(h)
```

（每次循环中，循环变量 h 被赋值为 horse 元组中的下一个元素）

（3）元组"不可变"

元组是一个不可变的"容器"，其中的内容一旦确定了，就不能被改变，我们称之为"不可变数据"。因此，虽然我们可以访问元组中的元素，但是不可以更改元组中的元素。若在程序中为元组中的元素重新赋值，程序就会报错。例如：

```
>>> horse = ('上马','中马','下马')
>>> horse[1] = '上马'
Traceback (most recent call last):
  File "<pyshell#1>", line 1, in <module>
    horse[1]='上马'
TypeError: 'tuple' object does not support item assignment
```

（4）元组的长度

和字符串一样，len() 函数可以计算出元组的长度，即元组中的成员个数。

```
horse = ('上马','中马','下马')
horseNum = len(horse)
print('田忌共有{}匹马'.format(horseNum))
```

有了元组，我们就可以把一组有着特殊关系的数据有序地组织起来，并可以结合 for 循环，遍历元组中的各个元素。相比一个一个地输出所有数据，元组和 for 循环的结合可以大大减少我们的代码量，让程序更加高效且易读。

现在，让我们回到刚才的问题。

田忌有上马、中马和下马 3 匹马，每匹马均只能出场一次，如何找到并输出田马的所有出场方式呢？我们不妨先从更简单的问题开始考虑。

6.3.2 规则一：不限制马的出场次数

若不限制每匹马的出场次数，第一回合，有上、中、下 3 种选择；第二回合，有上、中、下 3 种选择；第三回合，也有上、中、下 3 种选择，所以一共就有 27（3×3×3=27）种出场方式。我们可以用元组 horse 存储田忌的 3 匹马，并用 3 层循环嵌套来输出所有的出场方式：

```
01. horse = ('上','中','下')
02. n=0 #记录出场方式的数目
03. for i in range(3):
04.     for j in range(3):
05.         for k in range(3):
06.             n=n+1
07.             print("出场顺序 {}: {} {} {}".format(n,horse[i],horse[j],horse[k]))
```

> 用 horse 元组来存储田忌所有的马

> 外层循环选择第一回合出场的马，中层循环选择第二回合出场的马，内层循环选择第三回合出场的马

在上面的程序中，用 horse 元组存储田忌所有的马，在循环中，以循环变量作为索引，取出 horse 元组中的马。外层循环、内层循环和中层循环的循环变量 i、j、k 分别代表了第一回合、第二回合、第三回合出场的马的序号。因此，horse[i],horse[j],horse[k] 就代表了田马的所有出场顺序。

6.3.3 规则二：限制马的出场次数

在实际比赛中，同一匹马是不能重复上场的，一是马的体力有限，二是公平起见。请想一想，如果限制马的出场次数，田马有多少种出场方式？和不限制出场次数的规则相比有何不同？如何修改程序，输出田马的所有出场方式？

出场方式	出场方式的数量	出场方式的特点
可重复出场		
不可重复出场		

不难得出，当每匹马只能出场 1 次时，第一回合有 3 种选择，第二回合有 2 种选择，第 3 回合就只有 1 种选择，这是一个简单的排列组合问题，一共有 6（3×2×1=6）种出场方式：

出场方式	第一回合 horse[i]	第二回合 horse[j]	第三回合 horse[k]
方式 1	上马	中马	下马
方式 2	上马	下马	中马
方式 3	中马	上马	下马
方式 4	中马	下马	上马
方式 5	下马	上马	中马
方式 6	下马	中马	上马

从上表中我们不难得出,当每匹马只能出场 1 次时,意味着 3 个回合中,马不能重复上场,在程序中,则意味着三重循环中的 3 个循环变量 i、j、k 不能相同,只有满足 i、j、k 互异的条件才能输出,因此,我们需要在之前的程序中增加一个条件控制语句:

```
01.    horse = ('上','中','下')
02.    n=0  #记录出场方式的数目
03.    for i in range(3):
04.        for j in range(3):
05.            for k in range(3):
06.                if i!=j and i!=k and j!=k:
07.                    n=n+1
08.                    print("出场顺序{}: {} {} {}".format(n,horse[i],horse[j],horse[k]))
```

> 限制马的出场次数时,i、j、k 必须互异。满足条件的才可作为田马的出场方式

如此,我们便利用元组和循环成功解决了第一个问题:遍历田马的所有出场方式。接下来,我们将继续解决第二个问题:如何判断每种出场方式中田马能否获胜呢?

6.4 问题 2:判断每种出场方式中田马能否获胜

田忌赛马中,三局两胜,即获胜次数大于等于 2 的一方获胜。我们已经知道:齐王的上马胜田忌的上马,齐王的中马胜田忌的中马,齐王的下马胜田忌的下马,但是田忌的马也并非全部都会败给齐王的马,田忌的上马可以胜齐王的中马,田忌的中马可以胜齐王的下马。

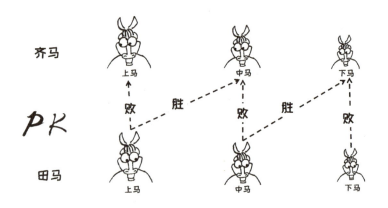

要利用计算机计算出田马是否会获胜,首先要将田马和齐马之间的对战关系

（已知条件）用程序语言表示出来。我们知道，计算机擅长进行数字处理，于是我们不妨为田马和齐马设置等级，用数字 1、2、3 分别代表下马、中马和上马的等级，数字越大，等级越高。这样就可以将现实问题中的胜负比较转化为计算机可处理的数值运算。用元组 horseLevel=(3,2,1) 存储田忌各匹马的等级，并设置变量 win，记录获胜次数。

想一想

如何计算出每一回合的胜负？如何判断最终的胜负结果？请你给出解决方案，并完善下面的程序流程图。

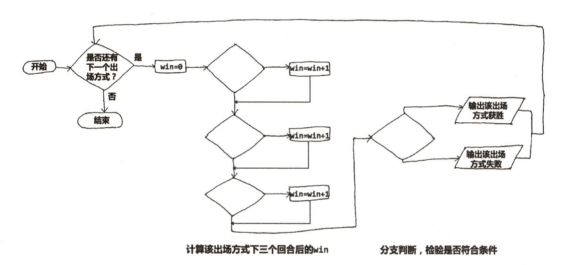

计算该出场方式下三个回合后的win　　分支判断，检验是否符合条件

```
01. horse = ('上','中','下')
02. horseLevel = (3,2,1)
03. n=0
04. for i in range(3):
05.     for j in range(3):
06.         for k in range(3):
07.             if i!=j and i!=k and j!=k:
08.                 n=n+1
09.                 win = 0
10.                 if horseLevel[i]>3:
11.                     win = win +1
12.                 if horseLevel[j]>2:
13.                     win = win +1
14.                 if horseLevel[k]>1:
```

元组 horseLevel 存储田忌各匹马的等级：第一匹马（上）等级为3，第二匹马（中）等级为2，第三匹马（下）等级为1

判断第一回合中田马是否获胜

判断第二回合中田马是否获胜

判断第三回合中田马是否获胜

```
15.                              win = win +1
16.   ┌─win 变量存─┐          if win>=2:
17.   │ 储田马的  │              print(" 出场顺序 {}:{} {} {}：获胜！"
      │ 获胜次数， │                    .format(n,horse[i],horse[j],horse[k]))
      │ win>=2 意 │          else:
18.   │ 味着田忌  │              print(" 出场顺序 {}:{} {} {}：失败！"
19.   │ 胜利     │                    .format(n,horse[i],horse[j],horse[k]))
      └──────────┘
```

第一回合中，田忌派出第 i 匹马，该马的等级为 horseLevel[i]；齐王派出上马，该马的等级为 3，当 horseLevel[i]>3 时，田马才能获胜，win 变量自增 1。三个回合中田忌依次派出第 i、j、k 匹马，齐王依次派出上马、中马、下马，每个回合中的胜负判断方法和第一回合相同。最终，当三个回合的胜负都判断完成之后，计算得出田马的获胜总次数 win，判断 win 是否大于等于 2，若 win>=2，则输出"胜利"，否则，输出"失败"。

示例程序运行结果如下：

出场顺序 1: 上 中 下：失败！

出场顺序 2: 上 下 中：失败！

出场顺序 3: 中 上 下：失败！

出场顺序 4: 中 下 上：失败！

出场顺序 5: 下 上 中：获胜！

出场顺序 6: 下 中 上：失败！

📖 枚举算法

在寻找田马可能获胜的出场方式的过程中，我们一个一个地列举田马所有可能的出场方式，同时判断该出场方式能否获胜。像这样将所有可能的情况遍历的方法，就是枚举。

逐个列举判断，看似简单，但有时也的确不失为一种好办法。在生活中，我们也常常运用枚举的思想解决问题，比如轮胎漏气了，得一点一点去找漏气的位置；为了挑出一碗红豆中的绿豆，也得一个一个去挑……当我们把这种方法运用到程序编写中时，计算机凭借自己高超的计算速度和准确度，可以帮我们解决很多问题。请你想一想，枚举算法还可以解决学习和生活中的哪些问题呢？

做一做

Q1：求方程式 $x(x-2)(x+1)(10-x)=240$（x 为正整数）的解。

Q2：求方程式 $(x+3)(y-6)=120$ 的所有正整数解集。

Q3：要将 100 元兑换成 10 元或者 5 元的币值，共有哪些兑换方式？

Q4：一个两位数密码，每一位数可以取 0～9 的任意数字，如何找到真正的密码？

想一想

什么问题适合使用枚举算法？枚举算法的基本结构是什么？

枚举算法的适用情况和基本结构

适用情况：研究对象可数且有范围，最优解可从该范围中逐一列举检验得到。

基本结构：确定范围——列举——检验。

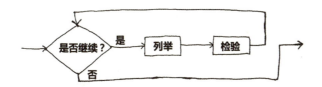

6.5 反思评估

田忌赛马中，调整出场顺序使得田马能以弱胜强。请你想一想，实际生活中，实力悬殊的两支队伍比赛，是否也一定能找到以弱胜强的方法呢？

6.6 对战胜率

在生活中，胜利与否具有一定的概率，田忌的中马不一定能赢齐王的下马，当田马对齐马各匹马的胜率过低时，不管采用什么样的出场顺序都无法取得胜利。现在，假设田马的三匹马分别为 A、B、C，齐马的三匹马分别为 X、Y、Z，田马对齐马具有一定胜率：A 对 X 的胜率为 0.4，A 对 Y 的胜率为 0.8，A 对 Z 的胜率为 0.9，B 对 X 的胜率为 0.2，B 对 Y 的胜率为 0.3，B 对 Z 的胜率为 0.8，C 对 X 的胜率为 0.1，C 对 Y 的胜率为 0.2，C 对 Z 的胜率为 0.4。

问题：如何设计程序，才能找到使田马总胜率最大的出场方式？

问题分解

和田忌赛马的初级问题类似，我们可以将新问题分解为如下 3 个子问题：
① 找到田马的所有出场方式；
② 计算各出场方式中田马的总胜率；
③ 找到田马的最大胜率及对应的出场方式。

其中，子问题 1 和初级问题中子问题 1 的解决方法一样，在此不再赘述。接下来，我们需要逐个解决问题 2 和问题 3。

6.7 问题 3：如何计算各出场方式中田马的总胜率？

田马和齐马对战的每一回合，田马都有一定的获胜概率，三场比赛下来，田马的总获胜概率可以用平均胜率来表示。我们可以用下面这个公式来表示田马的总胜率：

总胜率 =（第一回合胜率 + 第二回合胜率 + 第三回合胜率）/ 3

想一想

有了总胜率的计算方法，要计算各出场方式的总胜率，是否可以用循环遍历的方法来实现呢？

我们知道，要想通过循环遍历一组数据，首先要把这组数据组织起来，比如将数据放在一个元组里。分析一下：田忌的上、中、下马对齐王的上、中、下马，各有一定的胜率，这些数据都属于"田马对齐马的胜率"，是一组有着特殊关系的数据，而且这些数据均反映的是两两对象之间的关系，我们已经假设了田忌的三匹马分别为 A、B、C，齐王的三匹马分别为 X、Y、Z，现在我们用一个二维表格来呈现田马对齐马的胜率：

第六章 田忌赛马

田马 \ 齐马	X	Y	Z
A	0.4	0.8	0.9
B	0.2	0.3	0.8
C	0.1	0.2	0.4

表格是一个很好的分析工具，相比单纯的文字叙述，它能更直观地展现出数据之间的关系，从而帮助我们更好地解决问题。现在，我们已经知道，"胜率"数据反映了齐马和田马两两对象之间的一种关系，在程序中，二维元组可以表达出两两对象之间的数据关系。因此，我们可以用二维元组来存储田马对齐马的胜率，这样我们就能用循环语句遍历这些胜率，并计算出各出场方式的总胜率：

```
01.winP = ((0.4,0.8,0.9),(0.2,0.3,0.8),(0.1,0.2,0.4))
02.totalWinP = 0
03.horse = ('上','中','下')
04.n=0
05.for i in range(3):
06.    for j in range(3):
07.        for k in range(3):
08.            if i!=j and i!=k and j!=k:
09.                n=n+1
10.                totalWinP = (winP[i][0]+winP[j][1]+winP[k][2])/3
11.                totalWinP = round(totalWinP,2)
12.                print("出场方式 {}:{} {} {} 总胜率：{}"
                        .format(n,horse[i],horse[j],horse[k],totalWinP))
```

二维元组 winP 存储田马对齐马的胜率
winP[0]:(0.4,0.8,0.9) 表示 A 对 X、Y、Z 的胜率
winP[1]:(0.2,0.3,0.8) 表示 B 对 X、Y、Z 的胜率
winP[2]:(0.1,0.2,0.4) 表示 C 对 X、Y、Z 的胜率

计算总胜率

将 totalWinp 四舍五入保留 2 位小数

在上面的程序里，每种出场方式中，田马的出场顺序为：i 号马 -j 号马 -k 号马；齐马的出场顺序为：0 号马 -1 号马 -2 号马。其中，winP[i][0] 是第一回合田忌的 i 号马对齐王的 0 号马的胜率，winP[j][1] 是第二回合田忌的 j 号马对齐王的 1 号马的胜率，winP[k][2] 是第三回合田忌的 k 号马对齐王的 2 号马的胜率，因此，各出场方式的总胜率为：

```
totalWinP = (winP[i][0] + winP[j][1] + winP[k][2]) / 3
```

6.8 问题4：如何找到田马的最大胜率及对应的出场方式？

找最大的问题，生活中我们也常常遇到，例如，拍卖活动中卖家都希望能卖出最高价格，在拍卖活动中是如何售出最高价的呢？想想问题4和拍卖问题之间有什么相通之处吗？

拍卖活动中，卖家往往会先给出一个起始价，之后每有一个更高价产生，就将之作为最高价，直到没有比它更高的价格产生为止。同样地，在田忌赛马问题上，我们可以设一个初始最大胜率 totalWinP_max=0，之后每产生一个对战方式，我们就将所计算出的该方式的总胜率 totalWinP 与现在的最高胜率 totalWinP_max 相比较，若更大，则更新最高胜率。

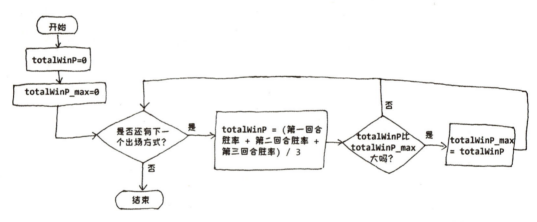

```
01.  winP = ((0.4,0.8,0.9),(0.2,0.3,0.8),(0.1,0.2,0.4))
02.  totalWinP = 0
03.  totalWinP_max = 0          ← 初始化最大胜率为0
04.  horse = ('上','中','下')
05.  for i in range(3):
06.      for j in range(3):
07.          for k in range(3):
08.              if i!=j and i!=k and j!=k:
09.                  totalWinP = (winP[i][0]+winP[j][1]+winP[k][2])/3
10.                  totalWinP = round(totalWinP,2)
```

```
11.            if totalWinP > totalWinP_max:
12.                totalWinP_max = totalWinP
```
更新最大胜率

想一想

现在，我们能够找到最大胜率，但是如何找到最大胜率所对应的出场方式呢？想一想，不考虑胜率时寻找获胜的出场方式，和考虑胜率时寻找最大胜率的出场方式，这两个问题的解决方法有何不同吗？

不考虑胜率时，我们可以直接在枚举的过程中判断胜利与否，每生成一种出场方式，就能判定该出场方式是胜利还是失败，直接输出即可。但是，当我们考虑胜率时，为了找到最大胜率，必须在所有出场方式都输出之后，即枚举结束之后，才能计算出最大胜率。就像只有在拍卖活动结束时，你才能知道谁是最后的赢家。

因此，要想知道最大胜率对应的出场方式，就必须在循环比较各出场方式胜率的过程中，记录各个出场方式，以及最大胜率。这样，当所有出场方式都生成之后，便可根据最大胜率的索引找到对应的出场方式。在程序执行过程中保存出场方式是一种"动态"操作，在 Python 中，可借助"列表"实现所有出场方式的动态保存。

列表

列表和元组类似，都属于序列型数据，能够有序存放多个数据，都能通过下标访问元素，通过 len() 获取元素个数。但是列表和元组相比，又更加灵活，因为列表可变，而元组不可变。元组不能对元素进行修改、删除和增添，而对列表来说，这些都不是问题！

不可变数据类型 VS 可变数据类型

不可变数据类型：内容不可被更改，一旦被创建，就不能被修改，Python 中有 3 个不可变数据类型：Number（数字）、String（字符串）、Tuple（元组）。

可变数据类型：内容可被更改，包括对元素的增删改等操作，Python 中有 3 个可变数据类型：List（列表）、Dictionary（字典）、Set（集合）。在之后的学习中，我们会一一认识它们。

(1) 列表的创建和访问

列表的创建和元组类似，其中的元素可以是不同的数据类型，元素之间都用逗号","隔开，但列表使用中括号"[]"来创建。例如，创建一个列表 fruit，存储各种水果：

```
fruit = ['banana', 'apple', 'pear']
```

列表中的元素都是有序存放的，序号从 0 开始（在 Python 中，总是习惯从 0 开始计数），因此，访问列表元素的方法和元组、字符串一样，通过下标数字访问。例如，输出 fruit 列表中第 1 个水果的名字：

```
>>> fruit = ['banana', 'apple', 'pear']
>>> print('我最喜欢的水果是：' + fruit[0])
我最喜欢的水果是：banana
```

和元组一样，也可以通过负索引从右往左访问列表元素。例如，输出 fruit 列表中最后 1 个水果的名字：

```
>>> print(fruit[-1])
pear
```

(2) 列表的长度

列表的长度可通过 len() 函数获得，例如，输出 fruit 列表中水果的个数：

```
>>> fruit = ['banana', 'apple', 'pear']
>>> fruitNum = len(fruit)
>>> print('我喜欢的水果有{}种。'.format(fruitNum))
我喜欢的水果有 3 种。
```

(3) 列表元素的修改、增添和移除

列表是比元组更强大的数据结构，在很多程序中都需要对元素进行增、删、改。例如，用户最喜欢的水果变成了桃子（peach）；接着，用户又新增了一个喜欢的水果——西瓜（watermelon），但仅排在最后；最后，用户又不喜欢梨（pear）了：

```
>>> fruit = ['banana', 'apple', 'pear']
>>> fruit[0] = 'peach'                  # 修改第一个元素为 'peach'
>>> fruit.append('watermelon')          # 在末尾添加一个元素 'watermelon'
>>> fruit.remove('pear')                # 移除值为 'pear' 的元素
>>> fruit
['peach', 'apple', 'watermelon']
```

除了可以对元素进行增、删、改操作以外，列表还有许多方法，可查看本章附表。

（4）列表 VS 元组

你可能会问，既然列表这么灵活，为什么还要有元组呢？凡事有得必有失，列表虽然灵活，但需要占用更多的内存；而元组虽然功能较少，但所占内存也相对较少。所以，若程序中不需要对一组数据进行复杂操作，最好使用元组；若程序中需要对一组数据进行复杂操作，比如，需要动态生成或动态处理这组数据，则必须使用列表。

现在，让我们回到刚才的问题：如何找到田马的最大胜率对应的出场方式？

最大胜率需在枚举循环结束之后才能计算得出，因此，为了在枚举结束之后还能找到最大胜率对应的出场方式，就需要在枚举过程中将出场方式逐个保存到一个列表中，这样，在枚举结束后，就可根据最大胜率的索引从存储着出场方式的列表中提取出对应的出场方式了。

- 程序示例：

```
01. winP = ((0.4,0.8,0.9),(0.2,0.3,0.8),(0.1,0.2,0.4))
02. totalWinP = 0
03. totalWinP_max = 0
04. combineWays = []
05. horse = ('上','中','下')
06. n=0
07. for i in range(3):
08.     for j in range(3):
09.         for k in range(3):
10.             if i!=j and i!=k and j!=k:
11.                 n=n+1
12.                 combineWays.append((horse[i],horse[j],horse[k]))
13.                 totalWinP = (winP[i][0]+winP[j][1]+winP[k][2])/3
14.                 totalWinP = round(totalWinP,2)
15.                 if totalWinP > totalWinP_max:
16.                     totalWinP_max = totalWinP
17.                     maxIndex = n-1
```

注释说明：
- 04 行：创建一个空列表 combineWays 用于存储各种出场方式
- 12 行：在枚举过程中保存各个出场方式
- 15-17 行：更新最大胜率及该出场方式对应的索引

```
18.    combineWay_max = combineWays[maxIndex]
19.    print("总胜率最大为: {}".format(totalWinP_max))
20.    print("出场顺序为: ",end='')
21.    for i in range(3):
22.        print(combineWay_max[i],end=' ')
```

> 枚举结束后，通过索引 maxIndex 获取最大胜率的出场方式

在上面的程序中，n 被初始化为 0（第 6 行），存储出场方式的序号。每找到一个出场方式，n 就加 1（第 11 行）。若该出场方式的胜率是当前已知的最大胜率，则更新 maxIndex = n - 1，之所以要减 1，是因为索引以 0 开头，而第 11 行 n 已经加了 1，因此要将 n - 1 作为 maxIndex 的值。

6.9 反思评估

在田忌赛马故事中，田忌和齐王各有 3 匹马，我们可以通过枚举算法逐个判断各种出场方式的获胜方是谁，或计算各种出场方式中田忌的总胜率。想一想，使用枚举算法解决该问题，程序需要计算多少次？当双方马匹数量增加时，比如，双方马匹数量都为 n 时（n>0），使用枚举算法解决该问题，程序需要计算多少次？枚举算法有何局限？

由于枚举算法是以消耗时间为代价的，因此，枚举算法虽然能解决大多数问题，但当数据量较大时，就需要想想有没有其他更好的办法了。随着马匹数量的增多，若使用枚举算法解决该问题，循环嵌套的深度将会越来越大，程序的计算量将会以飞快的速度增长，这种"暴力破解法"非常耗时，且效率低下。当数据量非常大时（一般以不超过两百万次为限），可能会造成时间崩溃。在程序设计中，为了衡量一种算法的效率，我们通常会考虑其对时间和空间的消耗，所用时间越短，所占空间越小，这个程序的执行效率就越高。

时间复杂度

我们用时间复杂度来衡量一个算法的效率。什么是时间复杂度呢？让我们先来看看小 A 和小 Q 的故事：

某一天，小 A 和小 Q 比赛写程序……

第六章 田忌赛马

一天后,小 A 和小 Q 各自提交了代码,两段代码都实现了规定的功能。但是,小 Q 的代码运行一次只需 100 毫秒,而小 A 的代码运行一次却要花 100 秒!

裁判告诉大家:代码的运行时间是衡量代码是否优秀的重要指标。于是……

唉,我也知道代码运行的时间越短越好,但是写程序的时候怎么能知道它真正运行起来会花多长的时间呢?

你说的没错,代码的运行时间是无法计算的,因为这也会受到运行环境和问题规模的影响。但是呢,我们却可以预先估计出代码中基本操作执行的次数,以此来衡量代码运行的基本速度。

179

（1）基本操作执行次数

- 场景一

小 Q：如果给你 10 条鱼，你 3 天吃完 1 条，那么多少天能吃完这些鱼？

小 A：自然是 3×10=30 天。

$3 \times 10=30$（天）

小 Q：如果给你 n 条鱼呢？

小 A：那就需要 $3 \times n = 3n$ 天呀。

我们用一个函数来表达这个相对时间，可以计作 $T(n) = 3n$。

$3 \times n = 3n$（天）

n 条鱼

- 场景二

小 Q：如果还是给你 10 条鱼，但你吃掉第一条鱼需要 1 天时间，吃掉第二条鱼需要 2 天时间，吃掉第三条鱼需要 3 天时间……每多吃一条鱼，所花的时间也多一天，你多少天能吃完这些鱼呢？

小 A：我知道，就是从 1 累加到 10 嘛，一共要 1+2+……+10=55 天。

小 Q：如果给你 n 条鱼呢？

小 A：那就需要 $1+2+……+n=(1+n)*n/2=0.5n^2+0.5n$ 天。

我们用一个函数来表达这个相对时间，可以计作 $T(n)=0.5n^2+0.5n$。

- 场景三

小 A：如果不管给你多少条鱼，你 2 天就能吃完，怎么用一个函数表达相对时间呢？

小 Q：哈哈，这样吃我会撑死的！我吃完鱼的时间跟鱼的条数没有关系，可以计作 $T(n)=2$。

> 其实，在小A吃鱼的场景中，$T(n)$ 就是基本操作的执行次数。但是有了 $T(n)$，我们还不能分析一段代码的运行时间。比如，如果两个算法的 $T(n)$ 分别是 $100n$ 和 $5n^2$，到底谁的运行时间更长还取决于 n 的值。于是，我们有了时间复杂度。

（2）时间复杂度

拳击比赛中将选手分为不同的"重量级"，根据运动员的实际体重，确定他属于哪一个"重量级"。程序中，基本操作执行次数相当于运动员的实际体重，而时间复杂度就相当于运动员所属的"重量级"，这个"重量级"与 n 有关，可以是 n、n^2、n^3、$\log n$、$n!$、2^n 等，随着 n 的递增，不同时间复杂度的算法在时间上的变化速度是不同的。通常用 $O(n)$ 表示算法的时间复杂度。

如何推导出时间复杂度呢？根据以下规则可以计算得出：

- 如果运行时间与 n 无关，用常数 1 表示，$O(n)=1$；
- 如果时间函数中有不同阶的项，只保留时间函数中的最高阶项；
- 省去时间函数中项的系数。

比如，场景一中，吃完 n 条鱼需要 $3n$ 天，$O(n)=n$；场景二中，吃完 n 条鱼需要 $0.5n^2+0.5n$ 天，$O(n)=n^2$；场景三中，吃完 n 条鱼需要 2 天，$O(n)=1$。当 n 较大时，这三种算法究竟谁用时更长，谁节省时间呢？稍微思考一下就可以得出结论：

$$O(1) < O(n) < O(n^2)$$

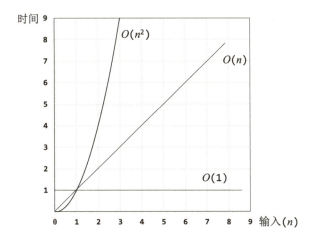

我还有一个问题,上面的图中,当 $n=1$ 时,三个算法的时间复杂度重合,那不就表示三个算法的运算速度差不多吗?

问得很好,时间复杂度只是反映算法的效率,而真正计算的时间还与问题规模 n 有关。比如有两个算法,它们的基本操作次数分别是 $100n$ 和 $5n^2$,时间复杂度分别是 $O(n)$ 和 $O(n^2)$,当 n 很小时,比如为 5 时,第一个算法所需时间为500,第二个算法所需时间为 125,第二个算法所需时间更少。

但是当 n 的值越来越大,第 1 个算法的优势就会凸显出来,而第 2 个算法会越来越慢。比如当 n 为 100 时,第一个算法所需时间为 10000,第二个算法所需时间为 50000,并且随着 n 的增大,两者的差距会越来越明显。

原来如此,看来提高算法的运算效率很重要啊!

现在,我们来计算一下使用枚举算法找到使田忌总胜率最大的出场方式的时间复杂度。

当马匹数量为 3 时,比赛 3 局,枚举需嵌套 3 层循环,每一层循环中循环次数均为 3,在 if 条件的控制下,程序运行次数为 $(3×2×1)×3=3!×3$。

```
for i in range(3):
    for j in range(3):
        for k in range(3):
            if i!=j and i!=k and j!=k:
                # 此处运行次数为: 3×2×1
                combineWays.append((horse[i],horse[j],horse[k]))
                totalWinP = (winP[i][0]+winP[j][1]+winP[k][2])/3
```

下面 3 条语句均会被执行 $3×2×1$ 次

```
                totalWinP = round(totalWinP,2)
```

当马匹数量为 4 时，比赛 4 局，枚举需嵌套 4 层循环，每一层循环中循环次数均为 4，在 if 条件的控制下，程序运行次数为 (4×3×2×1)×3=4!×3。

```
for i in range(4):
    for j in range(4):
        for k in range(4):
            for l in range(4):
                if i!=j and i!=k and j!=k:
                    # 此处运行次数为：4×3×2×1
                    combineWays.append((horse[i],horse[j],horse[k]))
                    totalWinP = (winP[i][0]+winP[j][1]+winP[k][2])/3
                    totalWinP = round(totalWinP,2)
                    ……
```

下面 3 条语句均会被执行 4×3×2×1 次

当马匹数量为 n 时，枚举需嵌套 n 层循环，每一层循环中的循环次数均为 n。在 if 条件的控制下，程序运行次数为 $(n*(n-1)*……*3*2*1)*3 = 3n!$。

因此，使用枚举算法找到使田忌总胜率最大的出场方式的时间复杂度为 $O(n!)$，当 n 大于 5 时，计算量将快速增长。

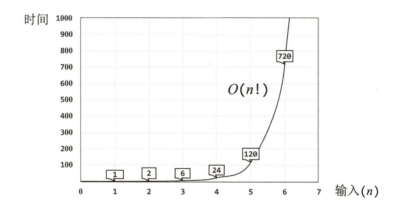

做一做

1. 计算一下使用枚举算法破解两位数密码的时间复杂度 $O(n)$ 是多少？
2. 当密码位数为 3 位、4 位时，时间复杂度 $O(n)$ 是多少？
3. 当密码位数为 k 位时，时间复杂度 $O(n)$ 是多少？

6.10　现实链接

在一条笔直的公路上，有A、B、C、D、E五个粮站，每隔10km就有一个粮站。分别存有30、20、10、0、40吨粮食，要把粮食都运到一个站点，每吨运1km需0.5元，运到哪个站点费用最少？

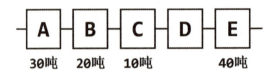

提示：想一想，此运粮问题和田忌赛马问题有什么区别和联系吗？尝试找到它们之间的关联，从已有问题的解决办法中寻找新问题的解决办法，是一种很好的问题解决思路。

	相同点	不同点
1		
2		

问题分析

通过分析运粮问题和田忌赛马问题之间的关联，我们可以发现以下规律。

① 两者的研究对象都是可数的，且有一定范围：田忌赛马问题的研究对象为3×2×1种出场方式，运粮问题的研究对象为5个站点。另外，问题的解都可以从这个范围中通过逐一列举检验得到，因此，运粮问题也可以用枚举算法解决。

② 运粮问题中站与站之间的路程关系和田忌赛马问题中马与马之间的胜率关系一样，可以用二维元组进行存储，并在循环中取出，进行相应的计算。

③ 两者都需要找到最优值，均可像"拍卖活动"一样，在枚举过程中不断比较当前值和当前最优值，最终找到所有情况中的最优值。

通过比较运粮问题和田忌赛马问题，我们发现，两个问题看似毫无关系，其实存在本质上的关联，于是，我们便可将田忌赛马问题的解决方法迁移到运粮问题中。以后遇到类似的问题，相信你也可以轻松解决啦。

- 程序示例

```
01. weight = (30,20,10,0,40)
02. stationNum = len(weight)
03. distances = ((0,10,20,30,40),
                 (10,0,10,20,30),
                 (20,10,0,10,20),
                 (30,20,10,0,10),
                 (40,30,20,10,0))
04. minPrice = -1
05. minPriceIndex = 0
06.
07. for i in range(stationNum):
08.     price = 0.0
09.     for j in range(stationNum):
10.         price = price +
                float(distances[i][j])*float(weight[j])*0.5
11.     if minPrice == -1:
12.         minPrice = price
13.     if price < minPrice:
14.         minPrice = price
15.         minPriceIndex = i
16. print("送到第{}个站点，最少运费为{}元。"
          .format(minPriceIndex+1, minPrice))
```

注释：
- 二维元组存储站点与站点之间的距离
- 最少运费初始化为-1，表示还没有开始计算最小运费
- 列举检验第i+1个站点是否是最优站点
- 循环叠加，计算各站点到序号为i的站点的价格
- 比较当前price与当前minPrice，更新最小价和最小价对应的站点序号

本章小结

在这一章，我们认识了元组和列表两种组合型数据类型，它们都属于序列型数据，能有序存放一系列数据，所不同的是，元组是不可变数据类型，创建之后就不可更改；而列表属于可变数据类型，能够对其中的元素进行增、删、改等操作。

枚举算法是一种很直接的问题解决方法，通过逐一列举、检验获得最优解，当研究对象可数，且数据量适中时，枚举算法也不失为一种好办法。

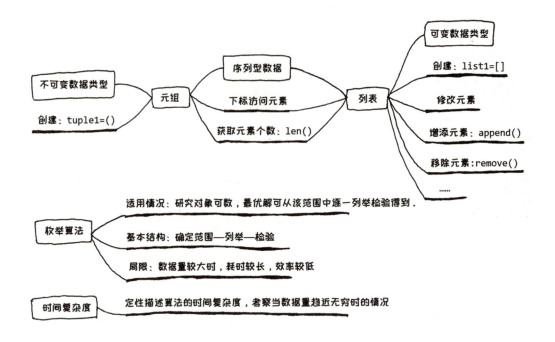

练一练

1. name=['Tom', 'Jeny', 'Henry']，name[3] 是否可以访问第 3 个元素？为什么？

2. 从 name=['Tom', 'Jeny', 'Henry'] 中删除元素"Henry"的代码如何写？

3. 向 name=['Tom', 'Jeny', 'Henry'] 尾部添加元素"Joan"的代码如何写？

4. 元组 week=('Monday', 'Tuesday', 'Wednesday', 'Thursday', 'Friday', 'Saturday', 'Sunday')，能否将元组的第一个元素替换为"周一"？为什么？

5. 观察下列代码，将输出值写在后面的横线上。

```
s=[32,56,43,78,85,27]
def comp(a,b):
    if a>b:
        print('true')
    else:
        print('false')
comp(s[1],s[4])            # 输出值为：_____
comp(s[3],s[2])            # 输出值为：_____
```

6. 百元买鸡问题：你有 100 元，打算买 100 只鸡。到市场一看，大鸡 3 元 1 只，小鸡 1 元 3 只，不大不小的鸡 2 元 1 只。请编写程序，计划怎样可以刚好用 100

元买 100 只鸡。

*7. 化学课上，四位同学讨论醋、食用油、水、白酒这四种物质的沸点排名。每个人只说对了一种物质的排名。根据以下条件编写程序，让计算机判断各物质的排名情况。

甲：水最高，醋最低，食用油第三高；

乙：醋最高，水最低，食用油第二高，白酒第三高；

丙：醋最低，水第三高；

丁：食用油最高，白酒最低，醋第二高，水第三高。

自我评价表

☆ 我成功地解决了问题	☐
☆ 我在程序设计中尝试了新的语法	☐
☆ 我在程序设计中尝试了新的设计思路	☐
☆ 我在程序设计中考虑了程序运行中多种可能出现的情况，并做了处理	☐
☆ 我在程序设计中解决了别人不敢碰的难题	☐
☆ 我的程序代码逻辑清晰，具有很好的可读性，方便维护	☐

附1：关于元组的内置函数

关于元组的内置函数	描述
cmp(tuple1, tuple2)	比较两个元组元素
len(tuple)	计算元组元素的个数
max(tuple)	返回元组中元素最大值
min(tuple)	返回元组中元素最小值
tuple(seq)	将列表转换为元组

附2：关于列表的内置函数及列表的内置方法

关于列表的内置函数	描述
cmp(list1, list2)	比较两个列表的元素
len(list)	列表元素的个数
max(list)	返回列表元素最大值
min(list)	返回列表元素最小值
list(seq)	将元组转换为列表

列表内置方法	描述
list.count(obj)	统计某元素在列表中出现的次数
list.extend(seq)	在列表后面一次性追加另一个列表的多个值
list.index(obj)	找出某个值在列表中第一个匹配项的索引位置
list.pop(index)	移除列表中的某一个元素，index 为可选参数，默认值为 −1，即默认弹出最后一个元素。同时，函数会返回弹出的元素
list.remove(obj)	用于移除列表中某一个值的第一个匹配项
list.reverse()	用于反向列表中的函数
list.clear()	清空列表
list.sort(reverse)	reverse 的默认值为 False，升序排列。若指定 reverse 为 True，降序排列。列表中的内容若为数字，则依据数字大小排序；若为字符串，则依据首字母在字母表中的顺序排序

第七章　单词密码（上）

🎮 7.1　本章你将会遇到的新朋友

- 文件
- 列表的高级应用
- 字典

🎮 7.2　游戏体验师

"密室逃脱"是一款经典的小游戏，现在，只有破解了"密室"中的"单词密码"，才能逃出去！"单词密码"有点特别——各个密码将组成一个完整的英文单词。每次游戏中，密码都不一样，希望你能成功逃出密室。

在本书提供的源代码文件中找到"secretRoom.py"文件，双击运行，即可开始游戏！

亲爱的朋友，现在你被困在了这间屋子里，只有输入正确的密码才能逃出密室。你共有 5 颗星的能量，若输入了错误的字母，能量就会减少一颗星。你必须在能量用完之前逃出密室，祝你好运！

```
单词密码由 5 个字母组成
你的能量：*****
==========================

请输入一个字母：k
猜对 k 继续加油！
能量：*****
错误记录：
单词密码：_ _ _ _ k
==========================

请输入一个字母：r
噢，错了！你还有 4 次机会。
```

能量：＊＊＊＊
错误记录：r
单词密码：＿＿＿＿k
==========================
……
单词密码：black
==========================
胜利！

现在，请你以游戏体验师的身份，在体验过《单词密码》之后，填写下面的体验报告，也可提出你的问题和建议。

```
《单词密码》游戏体验报告
游戏背景：


游戏规则：



游戏交互方式：



问题和建议：

```

7.3 游戏制作人

7.3.1 尝试设计

将大问题分解为小问题，有助于简化问题，各个击破。请你想一想，《单词密

第七章 单词密码（上）

码》游戏的设计需经过哪些步骤？请将该任务分解为若干子任务。

_____

在设计程序的过程中，下面的表格可以帮你进行分析和思考。
- 对象表征：

项目中的对象	变量
单词密码	
能量值	starNum（int）

- 对象关系表征：

对象之间的关系	表达式
猜错	
猜对	

- 对象处理过程表征：

对象处理过程	程序指令
随机获取一个单词作为密码	

- 程序流程图

请结合你对问题的分析，在下面的空白区域绘制流程图，并尝试自己设计程序代码。

7.3.2 任务分解

根据游戏运行过程，我们可以将《单词密码》分解为 3 个子任务，其中最后一个子任务"玩家猜测密码直到猜对或能量用完"是一个循环的过程，我们可以将之继续分解为 3 个子任务，如下图所示。

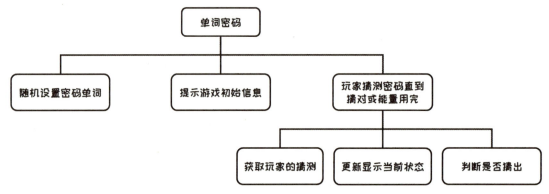

根据以上任务分解结果，我们可以架构起主程序的基本结构，并确定需要设计的函数。

```
''' 随机设置单词密码 '''
def getPassword():
    return password


''' 提示游戏初始信息 '''
def displayInitBoard():
    pass


''' 获取玩家猜测的密码 '''
def getGuess():
    return guess


''' 更新显示当前状态 '''
def displayBoard():
    pass


''' 判断是否猜出 '''
def checkIfWin():
    return win


''' 游戏进行过程：玩家猜测密码直到猜对或能量用完 '''
```

```
'''在此函数中将调用函数：getGuess()、displayBoard()、checkIfWin()'''
def playGame():
    pass

k = 5         ◀── 初始能量值为5颗星
while True:
    starNum = k
    password = getPassword()          while 循环，允许"再玩一次"
    displayInitBoard()
    playGame()
    again = input('再玩一次吗？(yes or no) ')
    if again == 'yes' or again == 'y' or again == 'Y':
        print('——'*20)
    else:
        break
```

🎮 7.4 任务一：随机设置单词密码——getPassword()

如果每次游戏中的单词密码都一样，玩家玩过一次，知道答案后，就没有兴趣再玩下一次了。因此，我们需要一箩筐的单词，每次游戏都从这一箩筐单词中随机抽取一个，作为密码。

📖 random.choice()

在随机数 random 模块中，choice() 函数可以从列表、元组或字符串的所有元素中随机抽选一个，并返回给调用者。因此，我们不妨将所有备选单词统统放在一个列表或元组中，并在每次游戏中通过 random.choice() 函数随机选取单词密码。

```
import random
words = '''
red orange yellow green blue violet white black
square triangle rectangle circle
apple orange lemon pear watermelon grape cherry banana strawberry tomato
bat bear cat deer dog duck frog goat lion monkey mouse panda python
rabbit rat shark sheep tiger
'''.split()

def getPassword(words):        自定义 getPassword() 函数：通
    word = random.choice(words)  过 random.choice() 从 words 列
                                 表中随机获取一个单词并返回
```

```
        return word
```

在上面的程序中,我们用了一个小技巧来生成单词列表:将所有单词排列在一起,并用空格符分开,组成一个字符串,再用字符串的 split() 方法将字符串分割为一个一个的单词,并存入列表中。相比把单词一个个地写入列表中,这种方法更加简单、快捷。

知识卡片——split() 分割字符串

split() 方法,可以根据指定的分隔符将字符串拆分为若干元素,并以列表形式返回,拆分出来的元素就是列表中的元素。当没有参数时,默认分隔符为空格和换行符"\n"。因此,在以上程序中,words 变量是一个包含了很多英文单词的列表:

```
['red', 'orange', 'yellow', 'green', ……,'sheep', 'tiger']
```

也可以将其他字符作为分隔符对字符串进行分割。例如:

```
>>> txt = "Monday#Tuesday#Wednesday#Thursday#Friday"
>>> week = txt.split("#")    以"#"作为分隔符
>>> print(week)
['Monday', 'Tuesday', 'Wednsday', 'Thursday', 'Friday']
```

7.5 反思评估

当备用密码很多时,若将其都放在程序代码中,将出现两个问题:一方面,这些单词密码不便保存或修改;另一方面,程序代码冗长、不易阅读。

实际上,在程序设计中,当数据量较大时,我们通常会考虑将数据放在其他地方进行存储,比如文件或者数据库,使之与程序文件相区分。程序文件负责逻辑处理,而文件或数据库等则负责数据存储,如此,大家分工合作,效率更高。

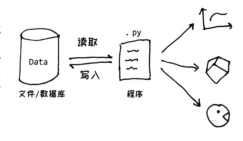

📖 文件

文件可用于存储数据，我们可以对文件里的内容进行读取或写入。

现在，先创建一个文本文件"words.txt"，用于存储所有的备用单词，并将它保存在电脑中的一个指定位置，如 e:/words.txt。

接下来，我们将在程序中读取出 words.txt 这个文件中的内容。

（1）文件的打开和关闭——open()、close()

在对文件进行操作之前，首先要做的一步就是打开文件。在使用完文件后，应将文件关闭，释放掉文件占用的内存。

在程序中打开和关闭文件，需要运行打开文件和关闭文件的指令。在 Python 中用内置函数 open() 打开一个文件，成功打开该文件后，将获得一个"file 对象"，这个对象中有关于该文件的各种信息，如文件的名字等。文件使用完毕后，可通过 file 对象的 close() 方法刷新缓冲区里任何还没有写入的信息，并关闭该文件，之后便不能再读写该文件，用 close() 方法关闭文件能及时释放内存，保证程序的正常运行，这是一个很好的习惯。例如，打开 words.txt 文件并输出文件名，然后关闭：

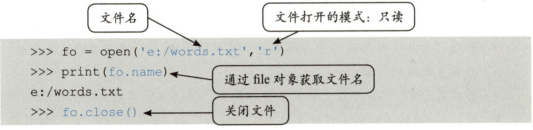

注意：上面的代码中，文件名"e:/words.txt"表示笔者在 e 盘下面创建的 words.txt 文件。如果你所创建的 words.txt 没有放在 e 盘下，而放在了其他位置，请将文件名进行相应的修改。

open() 函数中，必须传入的参数是文件名 file_name，此外还可通过参数 access_mode 控制文件打开的模式，默认模式为只读模式，即只能读文件，而不能写或者修改文件。如果想要对文件进行修改，或者指定修改的位置（如从头开始写，或从末尾开始写），则需要在调用 open() 函数时传入代表"模式"的参数。

对文件的读写是依靠"指针"实现定位的，指针指向哪里，读或写的位置就在哪里。若指针初始位置在开头，则文件从头开始读或写；若指针初始位置在末尾，则文件从末尾开始读或写。当对文件进行"写"操作时，若没有找到该文件，程序就会自动在指定位置创建一个新文件继续操作。

在 Python 中，用不同的符号来代表不同的文件打开模式，下表中列举了各个模式的含义，其中画上 √ 的格子，表示该模式拥有左边一列中对应的读、写、创建或覆盖功能，以及指针的初始位置是在开头或末尾。

模式（access_mode）	r	r+	w	w+	a	a+
读	√	√		√		√
写		√	√	√	√	√
创建			√	√		
覆盖			√	√		
指针初始位置在开头	√	√	√	√		
指针初始位置在末尾					√	√

- 若不传入模式参数，或模式为"r"，则文件只能被从头读取；
- 若模式为 w，则只能写文件而不能读文件，且新写入的内容将从头开始，并覆盖之前的内容；
- 若模式为 a，则可以在文件末尾追加内容，但仍不能读取文件；
- 带"+"的模式能够实现对文件更多的操作，如"r+""w+""a+"既可读，又可写。

（2）文件的 with 语句

在写程序中，打开文件之后一定要记住关闭文件来释放内存空间，为了简化这一步骤，Python 设计了 with 语句。当 with 语句中的代码块执行完毕之后，程序就会自动关闭文件。例如，下面左右两个程序的执行过程都是"打开文件 e:/words.txt 为 fo- 读取文件中的内容 - 关闭文件"。

```
fo = open('e:/words.txt')
s = fo.read()
fo.close()
```

```
with open('e:/words.txt') as fo:
    s = fo.read()
```

（3）文件的读取——read()

打开文件后，通过文件对象的 read() 方法，可读取文件中的内容。read() 方法默认读取文件中所有内容。因此我们可以在读取出 words.txt 中的内容后，再将其分割为一个一个的单词：

```
fo = open('e:/words.txt')   ← 不传入"模式"参数，默认为"只读"
s = fo.read()   ← 读取文件中的所有内容
words = s.split()
```

另外，若向 read() 函数传递 count 参数，可指定读取的字符数。例如，读取 words.txt 中的前 5 个字符：

```
>>> fo = open('e:/words.txt')
>>> s = fo.read(5)   ← 读取文件中的前 5 个字符
>>> print(s)
red o
```

（4）文件的写入——write()

以可写模式打开文件，才能对文件进行写入。File 对象的 write() 方法可将字符串写入文件。但值得注意的是，若以 r+、w、w+ 模式打开文件，write() 方法将从头开始写，并覆盖之前的内容；若以 a、a+ 模式打开文件，write() 方法将在文件末尾追加内容。例如，要向 words.txt 文件中增添一些单词，则需用 a 或 a+ 模式打开文件：

```
>>> fo = open('e:/words.txt', 'a+')   ← 以 a+ 模式打开，文件的读写指针指向文件末尾，而不是开头
>>> fo.write(' sky grass building')   ← 在文件末尾追加 3 个新单词
>>> fo.close()
```

这样，再打开文件时，你将在文件末尾发现多了 sky、grass、building 这 3 个新单词。

除了读写操作，文件对象还有许多其他方法，如读取整行、设置文件当前位置等，具体方法可见本章附表，在此不再详细说明。

现在，让我们用文件来重新设计"随机设置单词密码"的函数：

```
def getPassword():
    fo = open("e:/words.txt",'r')
    s = fo.read()
    words = s.split()
    fo.close()
    password = random.choice(words)
    return password
```

7.6 任务二：提示玩家游戏初始信息——displayInitBoard()

游戏初始信息包括密码的位数和玩家的能量值，由 displayInitBoard() 函数负责实现。其中密码位数需要根据具体的密码单词来计算得出，能量值用"*"来表示。因此，需要将任务一中 getPassword() 函数返回的随机密码 password，和所设定的能量值 starNum 作为参数，传入 displayInitBoard() 函数中，通过 len() 函数计算密码位数，并根据 starNum 确定"*"的数量。

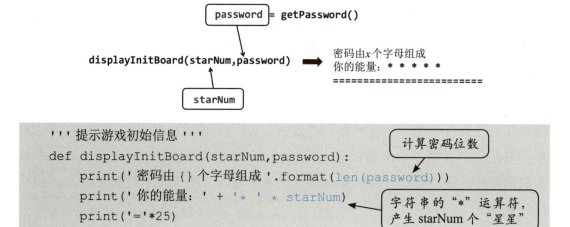

```
'''提示游戏初始信息'''
def displayInitBoard(starNum,password):
    print('密码由 {} 个字母组成 '.format(len(password)))
    print('你的能量：' + '* ' * starNum)
    print('='*25)
```

7.7 任务三：实现密码猜测过程——playGame()

猜测密码的过程中，玩家每次只能输入一个字母，对程序来说，这是一个循环操作。

循环过程：每次循环中，玩家输入一个字母，然后程序判断该字母是否在密码单词中。若在密码单词中，则提示猜测正确；否则，提示猜测错误，能量值减1。同时，程序需要根据玩家猜测字母的正确与否显示更新之后的状态，包括当前玩家的能量值、错误记录和密码状态等，即被猜中的字母会显示出来，未被猜中的字母则显示为"_"。

循环结束条件：① 能量值用完，游戏失败；② 猜中单词密码，游戏胜利。

想一想

在程序中如何记录玩家猜对和猜错的字母？为什么一定要记录这些内容呢？

第七章 单词密码（上）

如果不在游戏过程中记录玩家猜对的字母，程序就无法判断玩家是否已经把所有字母都猜出来了。而且由于玩家猜对的字母在游戏中是动态变化的，所以我们可以用一个可以持续更新的列表来记录这些被猜中的字母。

说的没错，除了需要记录玩家猜对的字母，程序也需要记录玩家猜错的字母，并将其实时显示出来，提醒玩家这些都是可以被排除的字母。

我们用两个列表 correctLetter 和 wrongLetter 来动态记录猜中的字母和猜错的字母，以向玩家显示当前的状态，也用以判断玩家何时猜中整个单词密码。

请根据以上分析，尝试将下面的 playGame() 函数的程序流程图补充完整。

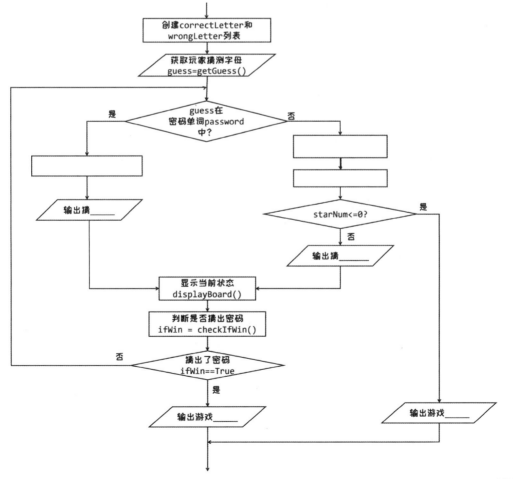

现在，我们为完成任务三设计了 playGame() 函数，但该任务的实现还需要先解决其下的 3 个子任务，它们分别对应着 getGuess()、displayBoard() 和 checkIfWin() 这 3 个函数，这 3 个函数将在 playGame() 函数中被调用。接下来，让我们逐一来分析它们，并为其设计对应的函数。

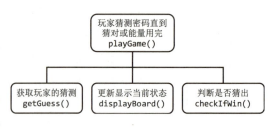

📖 7.7.1 获取玩家的猜测——getGuess()

玩家在猜测密码的过程中通过键盘实现输入。那么，在程序中直接调用 input() 函数获取玩家的键盘输入，就万事大吉了吗？

当然不是，根据游戏规则，玩家每次输入的字母是有限制的——每次只能输入一个英文字母。因此，我们需要为获取玩家的猜测过程设置一个检查机制，保证玩家输入的内容是英文字母，而不是数字或其他字符：

```python
def getGuess():
    while True:
        guess = input('请输入一个字母：')
        guess = guess.lower()
        if len(guess) != 1:
            print('只能输入一个字母')
        elif guess not in 'abcdefghijklmnopqrstuvwxyz':
            print('请输入一个英文字母')
        else:
            return guess
```

> 通过字符串的 lower() 方法，将字符串的所有大写字母转换成小写字母

> 当输入内容长度为 1，且是一个英文字母时，才是合法的输入，将之返回主程序

> **知识卡片——字符串的 lower() 方法**
>
> 字符串的 lower() 方法，可以将一个字符串中的所有大写字母转化成小写字母。在这里使用该方法的原因是：在游戏中，大写字母或小写字母都是被允许的，程序只需判断输入内容是否为英文字母，若 guess not in "abcdefghijklmnopqrstuvwxyz"，则不为英文字母，因此需要先将输入内容小写化，方能进行判断。
>
> 此外，字符串还有 upper() 方法，能将字符串中所有小写字母转化成大写字母。

📖 7.7.2 更新并显示当前状态——displayBoard()

玩家每次猜测一个字母,若猜测正确,则该字母添加到正确列表 correctLetter 中;若猜测错误,则该字母添加到错误列表 wrongLetter 中,且能量值减 1:

```
correctLetter = []
wrongLetter = []
if guess in password:
    correctLetter.append(guess)
else:
    wrongLetter.append(guess)
    starNum -= 1
```

> "-=" 是变量自减的缩写,等同于 starNum = starNum - 1

更新状态之后,程序会再次在输出面板上显示出当前的能量值、错误记录和密码状态,猜中的字母会显示出来,而未猜中的字母则暂时不会显示。这些信息的显示由程序中用于记录状态的参数来控制,包括:

```
请输入一个字母: k
猜对 k 继续加油!
能量: * * * * *  ----------▶ starNum
错误记录:         ----------▶ wrongLetter
单词密码: _ _ _ k ------▶ correctLetter、password
==========================
请输入一个字母: r
噢错了!你还有 4 次机会
能量: * * * *      ----------▶ starNum
错误记录: r       ----------▶ wrongLetter
单词密码: _ _ _ k ------▶ correctLetter、password
==========================
```

能量值——starNum;

错误列表——wrongLetter;

正确列表——correctLetter;

单词密码——password。

根据所要实现的功能,传入以上 4 个参数,设计 displayBoard() 函数:

```
def displayBoard(starNum,password,correctLetter,wrongLetter):
    print('能量: ' + '* '*starNum)
    print('错误记录: ',end='')
    for le in wrongLetter:
        print(le+',',end='')
    print()
    
    print('密室密码: ',end='')
    for le in password:
        if le in correctLetter:
            print(le,end='')
        else:
            print('_ ',end='')
    print()
    print('='*25)
```

> 循环输出错误列表里的字母

> 循环判断单词密码中各个字母是否被猜中,若被猜中(在 correctLetter 列表中)则输出字母,若未被猜中,则用"_"代替

📖 7.7.3 判断是否猜中——checkIfWin()

判断一个玩家是否猜出单词密码中的所有字母，只需要循环检查密码中的每个字母是否都被猜中即可，即判断密码中的每个字母是否都在correctLetter列表中，若有一个字母没有被猜中，则返回False，若全部猜中，则返回True：

```python
'''判断是否猜中'''
def checkIfWin(correctLetter,password):
    for le in password:
        if le not in correctLetter:
            return False
    return True
```

> 若检查到密码中有一个字母不在correctLetter中，则意味着尚未全部猜中，返回False

完成了以上三个函数的设计，我们便可根据之前设计的程序流程图为playGame()函数添砖加瓦了：

```python
def playGame(password,starNum):
    correctLetter = []
    wrongLetter=[]
    while True:
        guess = getGuess()
        if guess in password:
            correctLetter.append(guess)
            print('猜对 '+guess+' 继续加油！')
        else:
            wrongLetter.append(guess)
            starNum -= 1
            if starNum <= 0:
                print('好遗憾，游戏结束，你没能逃出密室。')
                print('正确密码是： '+password)
                break
            print('噢错了！你还有 {num} 次机会 '.format(num=starNum))
        displayBoard(starNum,password,correctLetter,wrongLetter)
        ifWin = checkIfWin(correctLetter,password)
        if ifWin == True:
            print('胜利！')
            break
```

> 调用自定义函数getGuess()，获取玩家猜测的字母

> 更新当前状态

> 当能量值starNum减少到0时，游戏失败，结束循环

> 调用自定义函数displayBoard()，显示当前状态

> 调用自定义函数checkIfWin()，判断密码各字母是否全被猜中（游戏是否获胜）

> 当游戏获胜，结束循环

值得注意的是，playGame() 的循环中有两个循环出口，分别是游戏胜利和游戏失败的时刻。

7.8 反思评估

现在，程序已经初步完成，你可以运行程序试玩一下。在程序运行的过程中，你发现了什么问题吗？

若玩家已经猜对某个字母，下一次输入时又输入了那个已经被猜对的字母，会发生什么？或者，若玩家猜错了某个字母，在下一次输入时，又输入了那个猜错的字母，会发生什么？如何修改程序，使游戏能正确应对这种情况？

_____

_____

实验发现，若玩家猜对或猜错某字母之后又输入该字母，通过 append() 方法，correctLetter 列表或 wrongLetter 列表中就会出现重复的字母，于是，在显示当前状态时，错误记录中就会出现重复的字母。而我们希望的是，错误列表中显示所有猜错过的字母（不重复）。另外，如果玩家输入已经猜对的字母，游戏应该提示玩家"您已经猜出该字母了"，而不是在玩家已经猜对某字母（如字母"i"）后又提示玩家"猜对 i，继续加油！"。

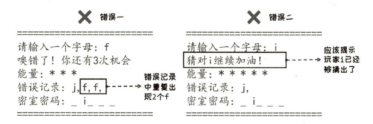

要解决以上问题，我们可以在将玩家猜测的字母添加到对应的 correctLetter 列表或 wrongLetter 列表之前，判断一下该字母是否已经在列表中。

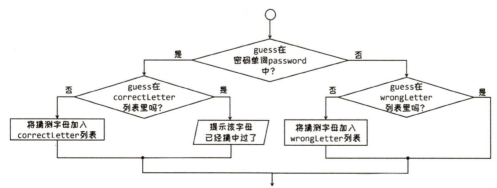

- playGame() 函数程序修改示例：

```
'''游戏进行过程：玩家猜测密码直到猜对或能量用完'''
def playGame(password,starNum):
    correctLetter = []
    wrongLetter=[]
    while True:
        guess = getGuess()
        if guess in password:
            if guess not in correctLetter:
                correctLetter.append(guess)
                print('猜对 '+guess+' 继续加油！')
            else:
                print('您已经猜出过这个字母了')
        else:
            if guess not in wrongLetter:
                wrongLetter.append(guess)
            starNum -= 1
            if starNum <= 0:
                print('好遗憾，游戏结束，你没能逃出密室。')
                print('正确密码是：'+password)
                break
            print('噢错了！你还有 {num} 次机会 '.format(num=starNum))

        displayBoard(starNum,password,correctLetter,wrongLetter)
        ifWin = checkIfWin(correctLetter,password)
        if ifWin == True:
            print('胜利！')
            break
```

> 判断 guess 是否已经在 correctLetter 列表中

> 判断 guess 是否已经在 wrongLetter 列表中

7.9 反思评估

现在，我们的单词密码游戏已经初步成形了，但是玩几次就会发现，英文单词实在太多了，仅凭单词的字母个数猜中一个单词实在太难了，要想猜中，全靠运气，于是玩几次之后玩家就容易失去兴趣。请你想一想，可以怎样完善一下这款游戏呢？

7.10 游戏升级

经过一番思考后，笔者想到，为了减少游戏的难度，同时也让玩家有更强的参与感，我们不妨为游戏增加一个功能——提示密码单词的所属类型，比如 banana、apple 等都属于"水果"，red、yellow 等都属于"颜色"，这样，游戏一定会更有吸引力！想到就要付诸实践，接下来我们就一起来完成游戏的升级任务吧！

banana、apple、red、yellow 等英文单词有一个共同的特点——游戏中的备选密码，因此，我们可以在程序中用列表来存储它们，并通过 random.choice() 从中随机选取一个单词作为密码。现在，我们对这些英文单词进行了分类，将每个单词划分至"水果""颜色"等不同类别，这时，列表就无法完美地表达这些单词之间的这种特殊关系了，我们需要一种新的数据类型——字典。

📖 字典

如果说列表、元组是一种有序存放多个元素的储物柜，那么字典就是一种带标签的无序存放多个元素的"盆子"，我们在列表、元组中找寻一个元素依据的是其序列位置；而在字典中找寻一个元素依据的是其特有的标签。

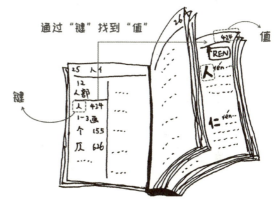

字典中的元素是键值对（key=>value），键值对之间是平等的，没有先后顺序。"键"（key）和"值"（value）是连在一起的，它们之间具有映射关系。在真正的字典中，每一个汉字都是一个键，其对应的页码就是值，我们要找到某个字所在的页码，需要先在目录中找到这个字。Python 中的字典中也一样，每一个"值"都对应一个独一无二的"键"，通过"键"可以访问对应的"值"。

(1) 字典的创建

字典用花括号"{}"括起来，元素之间用逗号","隔开，一个键值对中，键在左边，值在右边，中间用冒号":"表示两者的映射关系。例如，创建一个字典，存储不同类别的备选密码单词（以下仅呈现了部分单词）：

```
01. wordDict = {
```

```
02. '颜色':['red', 'orange', 'yellow'],
03. '形状':['square', 'triangle', 'rectangle'],
04. '水果':['apple','orange','lemon'],
05. '动物':['bat', 'bear', 'cat']}
```

> "颜色"键对应的值是一个列表，存放着3个不同的颜色

在一个字典里，"键"好比"值"的钥匙，各个值的钥匙必须是唯一的、互不相同的，如果字典中出现了两个或多个相同的键，那么后面出现的键值对会替换掉前面的。但是不同的"键"可以对应相同的"值"，好比真正的字典中，同一个页码中不只有一个字。

（2）访问字典里的值

字典中，值可以是任意类型的数据，但键必须是不可变数据，如字符串、数字或元组。我们说过，键就是值的"钥匙"，我们可以通过键来访问对应的值。

例如，访问备选密码单词中"水果"类型的所有单词。

```
>>> wordDict = {
'颜色':['red', 'orange', 'yellow'],
'形状':['square', 'triangle', 'rectangle'],
'水果':['apple','orange','lemon'],
'动物':['bat', 'bear', 'cat']}
>>> wordDict['水果']
['apple', 'orange', 'lemon']
>>> wordDict['水果'][0]
'apple'
```

> 键为"水果"的值是存储所有水果单词的列表 ['apple', 'orange', 'lemon']

> 通过"水果"键获取到水果类型的单词列表之后，通过索引0访问列表中第一个单词apple

（3）字典的修改、增添、删除

字典属于可变数据类型，可以修改、增添、删除字典中的元素。例如：

```
>>> wordDict['水果']=['apple','orange','lemon','banana']
>>> wordDict['水果'].append('pear')
>>> wordDict['交通工具']=['car','train','plane']  # 添加"交通工具"条目
>>> del wordDict['颜色']    # 删除"颜色"条目

>>> wordDict
{'形状': ['square', 'triangle', 'rectangle'],
'水果': ['apple', 'orange', 'lemon', 'banana', 'pear'],
'动物': ['bat', 'bear', 'cat'],
'交通工具': ['car', 'train', 'plane']}
```

> 修改"水果"条目的值

```
>>> wordDict.clear()    #清除字典中的所有条目
>>> wordDict
{}
```

(4) 获取字典的所有键/值

Python 中，可以通过字典的内置方法获取字典中的所有键和所有值，例如，获取 wordDict 字典中的所有键和所有值：

```
>>> wordDict = {
'颜色':['red', 'orange', 'yellow'],
'形状':['square', 'triangle', 'rectangle'],
'水果':['apple','orange','lemon'],
'动物':['bat', 'bear', 'cat']}
>>> print(wordDict.keys())
dict_keys(['形状', '水果', '动物', '交通工具'])
>>> keys = tuple(wordDict.keys())
>>> print(keys)
('形状', '水果', '动物', '交通工具')
>>> print(keys[0])
'形状'
```

获取字典中所有键，返回 dict_keys 键列表，其中 dict_keys 是字典的键列表的数据类型

tuple() 将返回的字典键列表转化为元组，并赋值给变量 keys

通过 dict.keys() 方法将获取字典中的所有键，并将它们以 dict_keys 数据类型返回。可通过 tuple() 将其转化为元组，或通过 list() 将其转化为列表，以便进行进一步处理，如获取 keys 中的第一项。

通过 dict.values() 方法获取字典中所有值，也是一样的道理。

除此之外，字典还有很多内置方法，具体可见本章附录。

现在，我们将密码单词都按类别存放在了一个字典里，需要修改程序中的 getPassword() 函数，实现从字典中随机选取一个类别，再从属于这个类别的单词中随机选取一个单词作为密码，也就是说，要进行两次随机操作，第二次随机操作要依据第一次随机操作的结果，最后，要将所选出的密码单词和密码单词所属的类别都返回到主程序中。

```
'''随机设置单词密码，返回密码和单词类别'''
def getPassword(wordDict):
    types = tuple(wordDict.keys())
    wordType = random.choice(types)    # 第一次随机：获取单词类型
```

```
        password = random.choice(wordDict[wordType])  # 第二次随机：获取单词
        return (password,wordType)
```

在 getPassword() 函数中，将 password 和 wordType 放在一个元组里，并一起返回主程序。在主程序中，需要用两个变量来接收传回来的两个值，其中，第一个变量接收第一个值，第二个变量接收第二个值，两者用逗号","隔开：

```
password,wordType = getPassword(wordDict)
```

为了能在游戏开始之前提示玩家密码单词所属的类型，将获得的 wordType 作为参数传入负责提示玩家游戏初始信息的函数 displayInitBoard() 中，并输出，修改该函数为：

```
def displayInitBoard(starNum,password,wordType):
    print(' 提示：此密码是一种————'+wordType)
    print(' 密码由{}个字母组成'.format(len(password)))
    print(' 你的能量：' + '* ' * starNum)
    print('='*25)
```

- 修改主程序

```
k = 5
while True:
    starNum = k
    password,wordType = getPassword(wordDict)
    displayInitBoard(starNum,password,wordType)
    playGame(password,starNum)
    again = input(' 再玩一次吗？（yes or no）')
    if again == 'yes' or again == 'y' or again == 'Y':
        print('——'*20)
    else:
        break
```

💬 7.11 反思评估

当游戏可以提示密码单词的所属类别时，我们仍然可以将所有备选单词及其类别存储在文件中，但是用一般的文本文件存储单词和单词的类型显然不是那么方便，相比之下，用 Excel 表格文件或 csv 文件是一种更好的选择。在 Python 中，如何使用 Excel 表格文件或 csv 文件呢？

请看下一章《单词密码（下）》。

本章小结

在这一章里,因为我们需要"一箩筐"的单词作为备选密码,为了更好地存储和管理这些单词,我们将它们统一存放在了另外的文本文件中。利用文件,将数据和程序逻辑分离开来,这样不仅利于数据的管理,还能让程序结构更加清晰。当然,除了利用文本文件存储数据外,还可以根据需要将数据存储在其他类型的文件或者数据库中。

回顾一下,通过这一章的学习,你知道怎么在 Python 中对文件进行读取了吗?关于我们的新朋友——字典,它和列表、元组一样,都是一种组合数据类型,它们之间有什么区别呢?什么时候需要使用字典呢?

练一练

1. 二娃编写了一个程序,这个程序能够根据输入的学号来查找学生的姓名。学生的信息被存放在列表 lst 中。请将下面的代码补充完整。

```
01. lst = [{'num':1, 'name':'二娃'},{'num':2, 'name':'皮皮'},
{'num':3, 'name':'嘉琪'},{'num':4, 'name':'治霞'},{'num':5,
'name':'萌萌'},{'num':6, 'name':'彤哥'},{'num':7, 'name':'诗雨'}]
02. find_num = int(input('请输入要查找的学号:'))
03. for i in range(0, len(lst)):
04.     if_____:
05.         student = lst[i]
06.         break
07. print(student[_____])
```

2. 尝试为《单词密码》游戏增加新的功能，比如是否可以增加密码字母提示功能？设计程序，实现你的想法。

3. 想一想，能否分析一下玩家在游戏中的表现和每个单词的猜中率，看看哪些单词是大多数人都比较熟悉的，哪些单词是大多数人不太熟悉的？（这一题作为思考题，将在下一章中揭晓答案）

自我评价表

⭐ 我成功地解决了问题	☐
⭐ 我在程序设计中尝试了新的语法	☐
⭐ 我在程序设计中尝试了新的设计思路	☐
⭐ 我在程序设计中考虑了程序运行中多种可能出现的情况，并做了处理	☐
⭐ 我在程序设计中解决了别人不敢碰的难题	☐
⭐ 我的程序代码逻辑清晰，具有很好的可读性，方便维护	☐

附1：文件对象方法

方法	描述
file.close()	关闭文件，关闭后文件不能再进行读写操作
file.flush()	刷新文件内部缓冲，直接把内部缓冲区的数据立刻写入文件，而不是被动地等待输出缓冲区写入
file.fileno()	返回一个整型的文件描述符（file descriptor FD 整型），可以用在如 os 模块的 read 方法等一些底层操作上
file.isatty()	如果文件连接到一个终端设备，则返回 True，否则返回 False
file.next()	返回文件下一行
file.read([size])	从文件读取指定的字节数，如果未给定或为负则读取所有
file.readline([size])	读取整行，包括 "\n" 字符
file.readlines([sizeint])	读取所有行并返回列表，若给定 sizeint>0，则是设置一次读多少字节，这是为了减轻读取压力
file.seek(offset[, whence])	设置文件当前位置
file.tell()	返回文件当前位置

续表

方法	描述
file.truncate([size])	截取文件，截取的字节通过 size 指定，默认为当前文件位置
file.write(str)	将字符串写入文件，返回的是写入的字符长度
file.writelines(sequence)	向文件写入一个序列字符串列表，如果需要换行则要自己加入每行的换行符

附2：关于字典的内置函数及字典内置方法

关于字典的内置函数	描述
cmp(dict1, dict2)	比较两个字典元素
len(dict)	计算字典元素个数，即键的总数
str(dict)	输出字典可打印的字符串表示
type(variable)	返回输入的变量类型，如果变量是字典，就返回字典类型

字典内置方法	描述
dict.clear()	删除字典内所有元素
dict.get(key, default=None)	返回指定键的值，如果值不在字典中则返回 default 值
dict.has_key(key)	如果键在字典 dict 里，则返回 True，否则返回 False
dict.items()	以列表返回可遍历的（键，值）元组数组
dict.keys()	以列表返回一个字典所有的键
dict.setdefault(key, default=None)	和 get() 类似，但如果键不存在于字典中，将会添加键并将值设为 default
dict.values()	以列表返回字典中的所有值

第八章 单词密码（下）

8.1 本章你将会遇到的新朋友

- 数据分析
- pandas 第三方模块：Python 数据分析
- matplotlib 第三方模块：Python 数据可视化

8.2 任务升级

上一章中，我们将最初的《单词密码》游戏进行了多次升级：第一次，用文件存储备选单词；第二次，通过字典增加提示玩家密码单词所属类别的功能。第三次，我们希望能用 Excel 表格来存储不同类别的单词，并在游戏程序中导入使用，这一升级任务我们将在这一章中完成。那么，在 Python 中，如何操作 Excel 表格数据呢？

我们已经知道如何通过文件对象的内置方法 read() 读取文件中的数据，但是当我们的数据结构比较复杂，需要以表格形式进行存储，或者当我们需要进行更复杂的数据分析处理，就有必要用到一些专门设计的用于数据处理的第三方模块，如 pandas。

8.2.1 使用 pip 工具安装第三方模块

第三方模块并非 Python 自带的模块，因此我们需要先将其下载安装到本地，或者通过联网获取，才能使用第三方模块。安装第三方模块的方法有多种，这里向你介绍一种使用 Python 自带的 pip 工具安装第三方模块的方法。

（1）pip 工具

在你的电脑上找到 Python 的安装位置，例如笔者的 Python 安装位置为 E:\software\Python3。双击进入该文件夹下的 Scripts 文件夹，可以看到一个 pip.exe 可执行文件，它就是 Python 的 pip 工具，它提供了对 Python 中模块的查找、下载、安装和卸载功能。

第八章 单词密码（下）

当要使用 pip 工具下载第三方模块时，需要首先将电脑的执行路径定位到 pip 工具所在的位置。但如果你已经将 Python 的安装路径添加到电脑的"环境变量"中就不用进行这一步骤了。在本书中，没有对此进行介绍，而使用了一种最古朴的方法，目的是希望你能更好地体会和理解计算机中程序运行的机制。如果你想了解环境变量的相关内容，也可以通过查阅其他书籍或网络资源进行学习。

（2）在 cmd 中将执行路径定位到 pip 工具所在位置

cmd 是 commond 的缩写，cmd.exe 实际上是电脑自带的一个应用程序，其特殊之处在于它可以直接对电脑操作系统发出命令。在电脑的搜索栏中输入"cmd"，或同时按下 Windows+R 快捷键，在打开的窗口中输入"cmd"并点击确定，都可以打开它，如下图所示，开启一个名为"命令提示符"的窗口。

在命令提示符的光标后输入目标目录的盘符，如笔者就应该输入"e:"，回车后，路径将从默认的 C 盘转到 E 盘。

接着，要将目录定位到 E 盘下的 Python 目录下的 Scripts 目录。在命令提示符中，cd 命令行语句可以将当前的工作目录切换到目标目录之下。因此，我们在光标后输入"cd"，并在其后跟上目标目录的名字，作为 cd 命令的参数，写法为"cd [dirName]"，其中 [dirName] 代表目标目录，它可以是绝对路径，也可以是相对路径。例如，根据笔者的 Python 安装位置，输入命令行语句"cd E:\software\Python3\Scripts"（绝对路径）或"cd software\Python3\Scripts"（相对路径）。回车，即可将路径切换到对应的目录下。当然，你也可以通过 cd 命令逐层定位到 Scripts 目录，如下右图所示。

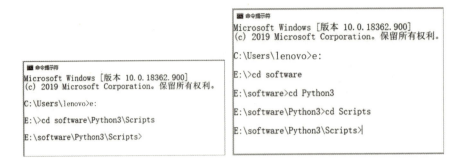

关于命令提示符中的命令行语句,你还可以通过网络或书籍做进一步的了解,在这里就不做详细介绍了。

(3) 输入 pip 命令下载安装第三方模块

将执行路径定位到 Scritps 文件夹后,输入"pip install 模块名"命令行语句并按回车键执行,即可自动开始下载安装 Python 第三方模块。例如安装一个用于读取 Excel 文档的第三方模块 xlrd(意为 xls 文件阅读模块),需输入"pip install xlrd",按回车键,即可开始进行第三方模块 xlrd 的下载安装,直到提示"Successfully install 模块名"(有时会在模块名后面再加上版本号,如 xlrd-1.2.0 代表 1.2.0 版本的 xlrd 模块),表示安装成功。注意,第三方模块并不在我们本地的电脑上,因此一定要联网才能获得,这就和你从网络中下载其他软件是一样的道理。

安装成功之后,我们便可以在 Python 中通过 import 语句导入并使用安装好的第三方模块了。

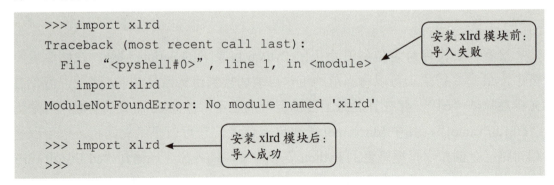

上面我们安装的用于读取 Excel 文件的 xlrd 模块是 pandas 数据集操作模块的基础模块,pandas 模块是在 xlrd 模块的基础上改进而成的,因此安装 pandas 模块

之前必须先安装 xlrd 模块。关于 xlrd 模块的更多使用方法，在此就不做详细介绍了。

pip 工具的常用命令

pip 工具的使用方法为：pip <command> [options]，它除了可以下载安装第三方模块外，还有其他命令。pip 常用的命令如下：

pip 在线安装第三方模块	pip install 模块名
pip 卸载第三方模块	pip uninstall 模块名
pip 更新 pip 和第三方模块	pip install --upgrade pip 或者第三方模块
查看 pip 的帮助	pip --help
查看 pip 的版本	pip --version

除了 xlrd 模块和 pandas 模块，Python 还有很多第三方模块，用于处理不同任务，比如用于实现数据可视化的 matplotlib 模块、用于构建 GUI 界面的 PyQt5 模块，用于机器学习的 Tensorflow 模块等。Python 强大、丰富的第三方模块支持我们实现更多复杂的功能。

📖 8.2.2 pandas 数据分析模块

pandas 是 Python 中的一个数据分析模块，其中提供了能够高效操作大型数据集所需的工具，包括读写 csv 文件和 Excel 文件的工具，能使我们快速、便捷地处理表格数据。Python 的 pandas 模块可用于处理金融、统计、社会科学、工程等领域中的大多数典型案例，如果你对它感兴趣，可以去 pandas 的官网进一步学习。

pandas 官网：https://pandas.pydata.org/pandas-docs/stable/

（1）pandas 模块的安装

pandas 属于第三方模块，因此需要通过 pip 命令在联网环境下下载安装。另外，pandas 模块是基于读取 Excel 文档的 xlrd 模块和用于数组操作、数组运算等的 NumPy 模块设计的，因此，使用 pandas 模块之前需要先安装 xlrd 模块和 NumPy 模块。具体安装方法同上一小节中 xlrd 模块。

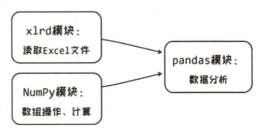

安装好 xlrd 模块和 Numpy 模块后,用同样的方法,在 Python 安装位置下的"Scripts"文件夹下输入"pip install pandas",按回车键,即可下载安装 pandas 模块。

完成 pandas 第三方模块的下载安装之后,它就可以像 Python 的内置模块一样,在程序中导入并使用。

(2) pandas 导入 Excel 数据

第一步:数据准备

创建一个 Excel 文件,在第一行输入单词的类别名称,在每一列输入属于该类别的英文单词,将文件保存在一个指定位置,例如,将文件命名为"wordDict.xlsx"并保存至 E 盘下。

	A	B	C	D
1	颜色	形状	水果	动物
2	red	square	apple	bat
3	orange	triangle	orange	bear
4	yellow	rectangle	lemon	cat
5	green	circle	lime	deer
6	blue		pear	dog
7	violet		grape	donkey
8	white		cherry	goat
9	black		banana	lion
10	brown		strawberry	mouse
11			tomato	panda
12				rabbit
13				tiger
14				wolf

第二步:导入 pandas 模块

导入 pandas 时通常用 pd 作为 pandas 的别名:

```
import pandas as pd
```

第三步:读取 Excel 文件数据到 DataFrame

通过 pandas 模块的 read_excel() 方法可以读取 Excel 文件中的数据,得到的结果是 pandas 模块中的一种数据结构——DataFrame 数据结构,它是一种类似于表的数据结构。这里,你可以把数据结构想象成和列表、元组一样的,用于存放多个数据的容器,并且这个容器里的数据都是按照一定格式存放的。

DataFrame 数据结构

DataFrame 是一种表格型的数据结构，包含一组有序的列，每列的值可以是不同类型的数据；每一列中都有相同数目的数据，若值缺失，则用 NaN 表示，NaN 是 Python 中的缺失值，其类型是浮点型（float）。

DataFrame 有行索引（index）和列索引（column），读取 Excel 表格文件时，列索引就是 Excel 表中的表头，行索引为自动生成的一串从 0 开始的数字序列。所谓索引，就是数据的标签，它可以指引我们找到指定的数据。在 DataFrame 中，行和列相交的点就是一个数据，因此每个数据都有两个标签，分别是行索引和列索引，我们可以通过它们快速找到某个数据。

你也可以把 DataFrame 看作一个对象，因为它拥有一些属性和方法，可以对其中的一个或一组数据进行获取和操作。

例如，读取 wordDict.xlsx 表格文件中的数据：

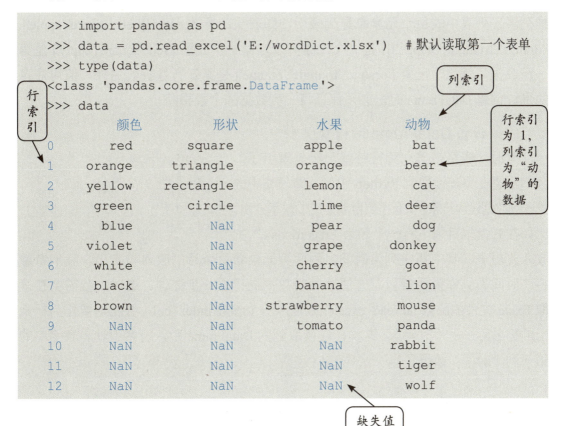

另外，Excel 文件可以设置多个表单，若不传入表单参数 sheet_name，则默认读取第一个表单中的数据。例如，读取名为"sheet1"的表单：

```
data = pd.read_excel('E:/wordDict.xlsx',sheet_name='sheet1')
```

（3）pandas 创建 DataFrame

DataFrame 除了可以通过读取 Excel 文件得到，在 Python 程序中，也可以使用 pandas 模块的 DataFrame(columns,data) 函数直接创建。其中，columns 参数传入一个列表作为列索引，data 参数传入一个多维列表作为数据。

例如，创建一个 2 行 3 列的 DataFrame，存储不同种类的单词：

```
>>> import pandas as pd
>>> data = pd.DataFrame(columns=['颜色','形状','水果'], data=[['red','square','apple'],['orange','triangle','orange']])
>>> data
    颜色       形状       水果
0   red      square    apple
1   orange   triangle  orange
```

在上面的 DataFrame 语句中，参数 columns=['颜色',' 形状',' 水果'] 是一个一维列表，列表中的每个元素都是列索引，即表头；参数 data=[['red','square','apple'],['orange','triangle','orange']]) 是一个二维列表，第一个元素 ['red','square','apple'] 是第一行数据，第二个元素 ['orange','triangle','orange'] 是第二行数据。另外，值得注意的是，创建 DataFrame 时，必须保证每一列数据的个数相同。

（4）设置 DataFrame 的行索引

有时，表格中第一列往往就已经是索引了，我们希望在将其读取到 Python 中时，将表格中的第一列数据设为行索引，而不要自动生成的数字索引。比如在 E 盘根目录下有一个名为"record.xlsx"的收入支出表，其中第一列为时间，后两列记录着每个月的收入与支出。我们希望将"时间"列作为行索引，方便之后对数据进行进一步处理。这时，就需要在读取 Excle 文件的函数 pd.read_excel() 中传入一个参数 index_col，并指明要作为行索引的列名称——"时间"。这样，在读取到的 DataFrame 中，行索引就是表格中的第一列"时间"数据了。

```
>>> data = pd.read_excel('E:/record.xlsx',index_col='时间')
>>> data
时间    收入     支出
1月    800    100
2月    800    500
3月    1000   300
```

设置表格中的"时间"列为 DataFrame 的行索引

除了在读取文件时就指定行索引，我们也可以在读取数据之后再通过 DataFrame 的 set_index() 方法重新设定行索引。例如，先以默认方式读取 record.xlsx 文件，再将"时间"列设为 DataFrame 的行索引：

```
>>> data = pd.read_excel('E:/record.xlsx')
>>> data
   时间   收入    支出
0  1月   800   100
1  2月   800   500
2  3月   1000  300
>>> data = data.set_index('时间')
>>> data
时间    收入     支出
1月    800    100
2月    800    500
3月    1000   300
```

设置表格中的"时间"列为 DataFrame 的行索引

需要注意的是，set_index() 函数的机制是创建并返回一个设定了新行索引的 DataFrame，原来的 DataFrame 并没有被改变。因此，必须将返回的新 DataFrame 赋值给原来的 DataFrame，覆盖掉曾经的数据内容，这样才能真正完成 DataFrame 的行索引设置。

（5）获取 DataFrame 中的数据

DataFrame 如同一个对象，它有一些属性，可以直接访问其中的一个或一组数据。下面我们以获取单词数据表 wordDict.xlsx 中的数据为例，来说明一下如何从 DataFrame 中获取想要的数据。首先，将表格文件中的数据读取为为 DataFrame，存储在 data 变量中：

```
>>> import pandas as pd
>>> data = pd.read_excel('E:/wordDict.xlsx')
```

- 获取 DataFrame 中的所有索引——DataFrame.columns、DataFrame.index

通过 DataFrame 的 columns 属性，可以查看所有的列索引；通过 index 属性，可以查看所有的行索引。从下面的代码中可以看出，DataFrame 中列索引（columns）的数据类型为 Index 类型；行索引是一组默认生成的 0～12 的数字序列，其数据类型为 RangeIndex，两者都是 pandas 模块中定义的数据类型。

Index 和 RangeIndex 数据类型都是序列型数据，其中的元素有先后之分，和我们之前所学的列表类似，但和列表却不属于同一种数据类型。我们可以通过 Python 的内置函数 list() 把它们转化为列表。

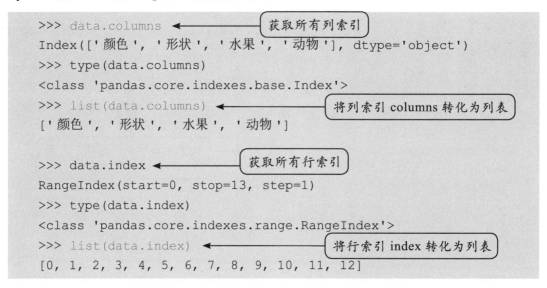

- 获取 DataFrame 中指定列的数据——DataFrame[列索引]

有时我们希望获取表格中的某一列数据，例如从存储各种类型单词的表格文件 "wordDict.xlsx" 中获取所有属于 "颜色" 类别的单词。对于 DataFrame 数据结构，我们也可以把它看作一个字典，列索引（表头）就好比字典中的 "键"，一列下的所有数据可以看作一个整体，作为该列对应的 "值"。虽然，DataFrame 的数据结构类型和字典本质上并不一样，但其结构上存在着相似性，因此对 DataFrame 数据的访问和操作也类似于字典的操作，例如获取 DataFrame 中某一列下的所有数据，就和字典中获取某个键对应的值一样，可以通过将列索引作为标签来获取。下面的例子中，通过 data[' 颜色 '] 获取了 DataFrame 中列索引为 "颜色" 的所有数据。注意，将 DataFrame 和字典比较，只是希望你能更容易地理解对 DataFrame 的操作，但两者其实并不等同。

另外，从下面的例子中可以看出，从 DataFrame 获取到的列数据的数据类型为 Series（pandas 中定义的一种数据结构），虽然也和列表一样是一种序列型数据，但两者仍然不属于同一种数据类型，通过 Python 的内置函数 list() 可以将其转化为列表。

```
>>> data['颜色']
0         red
1      orange
2      yellow
3       green
4        blue
5      violet
6       white
7       black
8       brown
9         NaN
10        NaN
11        NaN
12        NaN
Name: 颜色, dtype: object
>>> type(data['颜色'])
<class 'pandas.core.series.Series'>
>>> list(data['颜色'])
['red', 'orange', 'yellow', 'green', 'blue', 'violet', 'white', 'black', 'brown', nan, nan, nan, nan]
```

获取列索引为"颜色"的所有数据

将列索引为"颜色"的数据集转化为列表

- 获取 DataFrame 中的指定行和列的数据——DataFrame.loc[行标签 , 列标签]、DataFrame.iloc[行位置 , 列位置]

我们知道，DataFrame 是一种表格型数据结构，行和列相交的点就是一个数据，因此我们可以根据行和列的标签或者位置来定位到具体的某一个数据。

例如，我们希望从存储各种类型单词的表格文件"wordDict.xlsx"中获取"颜色"类别中的第二个单词，就可以通过 DataFrame.loc[1,'颜色'] 来访问（loc 意为

location)。其中，由于 DataFrame 中行索引为自动生成的一串从 0 开始的连续整数，因此第二行的行标签就是 1，而列标签自然就是列索引"颜色"了。另外，如果省略列标签，就可以获取这一行的所有数据。

```
>>> data.loc[1,'颜色']
'orange'
>>> data.loc[1]
颜色      orange
形状      triang
水果      orange
动物      bear
Name: 1, dtype: object
```

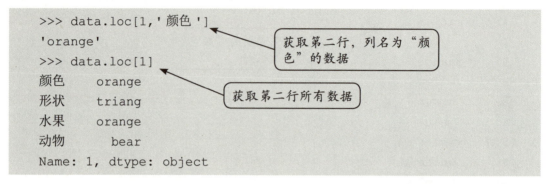

除了通过标签来访问数据，我们还可以通过位置来访问数据。例如，以上 wordDict.xlsx 文件中属于"颜色"类别的第二个单词也是表格文件中第 2 行第 1 列的单词，可以通过 data.iloc[1,0] 来访问（iloc 意为 index-location）。

```
>>> data.iloc[1, 0]
'orange'
```

- 获取 DataFrame 中的符合一定条件的数据

在 DataFrame 中，获取符合一定条件的数据和获取 DataFrame 中某一列数据的做法类似，不同的是，在方括号中需要写上具体的条件。并且，我们还可以增加多个条件方括号来控制数据筛选的条件，列索引也可以作为一种条件。例如：获取表格文件 wordDict.xlsx 中颜色为"green"的一行：

```
>>> data[data['颜色']=='green']
    颜色    形状     水果    动物
3   green circle  lime   deer
```

获取"颜色"列中颜色为"green"的数据：

```
>>> data['颜色'][data['颜色']=='green']
3     green
Name: 颜色, dtype: object
>>>
```

（6）修改 DataFrame 的数据

修改 Excel 数据包括对数据的增、删、改等，pandas 中提供了多种方法实现对数据的增、删、改，这里，向你介绍比较常用的一些方法。

第八章　单词密码（下）

- 修改数据和添加数据

修改 DataFrame 中的一个或一组数据的方法，最简单的就是直接在上一节获取数据的基础上，为数据赋予新的值，覆盖掉之前的值以实现修改。如果 DataFrame 中本身并没有你所指定的这一个或一组数据，对该数据进行赋值操作的过程其实就是向 DataFrame 中添加新数据的过程。例如，创建了下面这样一个 2 行 2 列的 DataFrame：

```
>>> data = pd.DataFrame(columns=['a','b'], data=[[1,2],[3,4]])
>>> data
   a  b
0  1  2
1  3  4
```

现在，将 b 列中每个数字都加 1，并且添加一个新的 c 列：

```
>>> data['b']=[3,5]        ← 修改 b 列数据
>>> data['c']=[10,20]      ← 添加新的 c 列
>>> data
   a  b   c
0  1  3  10
1  3  5  20
```

在上面的例子中，继续修改第二行数据，使每个数字都为 0，并增加新的第三行：

```
>>> data.loc[1]=[0,0,0]    ← 修改第二行数据
>>> data.loc[2]=[1,1,1]    ← 添加新的第三行
>>> data
   a  b   c
0  1  3  10
1  0  0   0
2  1  1   1
```

在上面的例子中，继续修改第一行 c 列的数据为其本身加 1：

```
>>> data.loc[0,'c'] += 1   ← 第一行 c 列数据自增 1
>>> data
   a  b   c
0  1  3  11
1  0  0   0
2  1  1   1
```

- 删除 DataFrame 的数据

DataFrame 的 drop() 方法能够删除指定行或指定列。其中的参数 axis 代表删除的是行还是列，axis=0，表示删除指定行；axis=1，表示删除指定列。例如，在上面的例子中，继续删除第一行、删除 b 列：

```
>>> data.drop(0,axis=0)          ◄── 删除第一行
   a  b  c
1  0  0  0
2  1  1  1
>>> data.drop('b',axis=1)        ◄── 删除 b 列
   a  c
0  1  11
1  0  0
2  1  1
```

（7）pandas 导出 Excel 数据

从 Excel 文件中将数据读取到 DataFrame，再对数据进行修改等操作，现在，我们终于可以将处理好的数据作为结果导入 Excel 表格文件了。就像文件通过 read() 读取、通过 write() 写入一样，pandas 也通过 read_excel() 导入 Excel 数据、通过 write_excel() 导出 Excel 数据，将程序运行中产生的一些数据存储在 Excel 文件里。

和 pandas 读取 Excel 数据时需要借助 xlrd 模块一样，pandas 导出 Excel 数据时需要借助 openpyxl 模块。openpyxl 也是第三方模块，需要提前下载安装：pip install openpyxl。安装好这个库之后，就可以进行 Excel 数据导出了。例如，将从 wordDict.xlsx 中读取的 DataFrame 数据导出到一个新的 Excel 文件 newWordDict.xlsx 中。导出成功后，我们就可以在 E 盘下看见一个新的 Excel 文件，其中的数据和原始的 wordDict.xlsx 中的数据完全一样。当然，若在读取数据之后对 DataFrame 进行了修改，之后再导入新文档中，新文档中的数据就是修改之后的数据了。

```
>>> import pandas as pd
>>> data = pd.read_excel('E:/wordDict.xlsx')
>>> data.to_excel('e:/newWordDict.xlsx')    ◄── 导出数据到 newWordDict.xlsx 文件中
```

在 Python 中直接创建的 DataFrame 也可以导出到 Excel 文件中保存数据。例如，在 Python 中创建一个 DataFrame 存储每月的收支情况，并将其导出到 record.xlsx。

```
01.  import pandas as pd
02.  data = pd.DataFrame(columns=['时间','收入','支出'],data=[['1
     月', 800,300],['2月',800,100]])
03.  data = data.set_index('时间')
04.  data.to_excel('E:/record.xlsx')
```

数据存储的意义

程序运行时，所有数据都只能存储在内存里，程序结束后，或电脑断电时，内存中的数据就会消失。于是下一次打开程序时，就只能重新计算。

然而，在许多程序中，都需要在每次运行中调用以前的数据。比如，想在每次游戏结束后都保存进度，以便下一次能接着玩；再如，想保存每个玩家的得分，在每次游戏结束后显示玩家得分排名；又如，在程序中记录用户的一些相关数据，以便能够进行进一步的数据分析……如果没有数据存储，每次都只能从头进行。

数据存储可以通过文本文件、Excel 表格文件，以及数据库等完成。

有了 pandas 模块，我们就可以修改游戏程序，将备选单词存放在 Excel 表格文件中，在程序中通过 pandas 模块导入表格文件中的数据，实现随机设置密码单词。

8.2.3 从 Excel 表格文件中随机选取单词

首先，在主程序开头导入 pandas 模块和 math 模块（用于删除读取数据中的缺失值 NaN），在 getPassword() 函数中，从存储备选单词的 wordDict.xlsx 文件中读取数据，包括单词和单词类型（表格中的列索引就是单词类型）；接着，从读取到的数据中获取所有的单词类型，并随机选取一个作为密码单词的类型；最后，从读取到的数据中获取该类型的所有单词，并随机选取该类型单词中的一个单词作为密码单词。

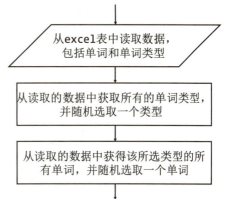

但是，问题来了，由于各列单词中可能存在缺失值 NaN，随机选取单词时可能会抽到 NaN，而我们不能将缺失值 NaN 作为密码，因此有必要在选取单词之前，先将这些可能存在的 NaN 从列表中删除。如何删除列表末尾的 NaN 呢？方法很多，我们可以循环检查单词列表末尾的元素是否是 NaN，若是，则通过列表的 pop() 方法删除它；若不是，则证明已经没有缺失值了。

程序中用到的函数及方法

isinstance(object, classinfo)：判断 object 对象是否属于 classinfo 类型。若是，则返回 True，否则返回 False。

math.isnan(x)：判断 x 是否为 NaN，x 必须为浮点类型（float）。

list.pop()：移除列表中的一个元素（默认最后一个元素），并返回该元素的值。

```
01. import math
02. import pandas
03.
04. def getPassword():
05.     data=pd.read_excel('e:/wordDict.xlsx')     # 读取数据
06.
07.     types = list(data.columns)
08.     wordType = random.choice(types)             # 获取所选单词类型中的所有数据
09.
10.     words = list(data[wordType])
11.     while isinstance(words[-1],float) and math.isnan(words[-1]):
12.         words.pop()                             # 检查并逐个删除 words 列表末尾的缺失值 NaN，words[-1] 获取 words 列表中最后一个元素
13.     password = random.choice(words)
14.
15.     return (password,wordType)
```

在上面的程序中，11～12 行的作用是从 words 列表末尾逐个删除其中的所有缺失值 NaN。用 math.isnan() 判断一个数是否是 NaN，但使用这个方法的前提是参数为浮点型数据，否则会报错。因此，while 循环首先判断数据是否为浮点数，DataFrame 里的数据要么是单词，要么是 NaN，因此若判断结果表明这个数据的数据类型不是浮点数，说明它不是 NaN，而是单词，则直接结束循环，不用再继

续判断这个数据是否为 NaN。这是因为 Python 中的逻辑运算符采用"最省力"原则：使用 and 逻辑运算符时，会先计算第一个逻辑，若第一个逻辑为 False，则整个复合逻辑必为 False，程序将直接返回 False，不再计算第二个逻辑。若判断结果表明这个数据是浮点数，并且是 NaN，则执行第十二行 words.pop()，弹出 words 列表末尾的缺失值。

另外，这里的案例中，存储单词的 DataFrame 中除了末尾有缺失值，前面部分均无缺失值，因此在获取到某一类型的单词列表后，删除 NaN 缺失值的方法是从末尾开始删除，直到遇到第一个不是 NaN 的数据，就表示已经删除完了所有缺失值。但是，如果表格文件中本身就存在没有值的单元格，则读取到的 DataFrame 中前面部分也可能存在 NaN，因此在删除某一类型的单词列表中的 NaN 时，必须遍历整个列表来删除所有 NaN。

当然，这里我们其实也可以采用另一种方法来实现随机选取单词的功能：不用提前删除列表中的 NaN，但将随机获取单词的代码放在循环中，每次循环中都检查获得的数据是否为 NaN，若是，则继续循环，重新选取一个单词；若不是，则说明这次获得了一个"货真价实"的单词，任务完成，跳出循环。可见，一个问题的解决办法并不唯一，希望你能想出更多更好的解决办法。按照这种解决思路，将第 11～13 行代码修改如下：

```
while True:
    password = random.choice(words)
    if isinstance(password,float) and math.isnan(password):
        continue
    else:
        break
```

既然 pandas 可以对数据进行导入、导出和修改，现在我们就可以实现更多的功能了！还记得上一章中留下的思考题吗？如何分析游戏中各个单词的猜中率，看看哪些单词是大家都熟悉的，哪些单词是大家还不太熟悉的？

8.2.4 分析单词密码的猜中率

我们知道，程序运行过程中，所有数据都暂时存放在内存中，当程序结束后，数据就消失了，单词密码的猜中率是用单词的猜中次数除以单词出现的次数得到的，游戏每进行一次，相关数据都会在上一次数据的基础上变更，因此，为了分析单词密码的猜中率，需要在每次游戏中，都将相关信息存储在 Excel 文件中。接下来，让我们一起来为《单词密码》增加分析单词密码猜中率的功能吧！

任务分解

在第七章中，我们的目标很简单，就是实现猜测单词密码的游戏机制，根据目标的实现过程，我们将任务分解为了 3 个子任务。现在，我们新增了一个目标——为《单词密码》增加一个数据分析功能，它将与之前的"游戏过程"共同作为《单词密码》游戏的子任务。于是，我们可以将任务分解图重新修改，如下图所示，其中灰色模块为新增加的模块。

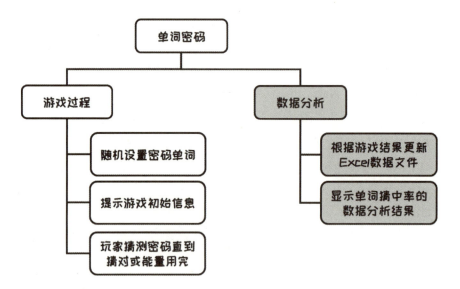

首先，根据任务分解图，修改主程序：（1）修改 playGame() 函数，让它在执行结束之前向主程序返回一个逻辑值 True 或 False，表示该密码是否被猜中；（2）主程序继续调用 modifyExcel() 函数，并将是否猜中的信息 ifWin 作为参数传入，实现根据游戏结果更新 Excel 数据文件的功能；（3）询问玩家是否查看单词猜中率，若玩家确定查看，则调用 showRate() 函数，向玩家显示单词猜中率的数据分析结果。

```
'''游戏进行过程：玩家猜测密码直到猜对或能量用完'''
def playGame(password,starNum):
    return ifWin

'''根据游戏结果更新 Excel 数据文件'''
```

```
def modifyExcel(password,ifWin):
    pass


'''显示单词猜中率的数据分析结果'''
def showRate():
    pass


k = 5
while True:
    starNum = k
    #随机产生密码
    password,wordType = getPassword(wordDict)
    displayInitBoard(starNum,password,wordType)
    ifWin = playGame(password,starNum)
    modifyExcel(password,ifWin)
    check = input('是否查看各单词猜中率？（yes or no）')
    if check == 'yes' or check =='y' or check =='Y':
        showRate()
    again = input('再玩一次吗？（yes or no）')
    if again == 'yes' or again == 'y' or again == 'Y':
        print('——'*20)
    else:
        break
```

其中 `ifWin = playGame(password,starNum)`、`modifyExcel(password,ifWin)` 及 `showRate()` 部分为数据分析。

接下来，我们将进一步设计 modifyExcel() 函数和 showRate() 函数的具体内容。

8.3 任务一：根据游戏结果更新 Excel 数据文件

8.3.1 数据存储方式

首先，我们需要根据数据分析的目的确定数据的存储方式。分析每个单词的猜中率，需要获取每个单词的猜中次数和总次数，因此，我们可以将每个单词作为行索引，将猜中次数（winNum）和总次数（totalNum）作为列索引，每一行记录一个单词的数据。数据表大概如右图所示。

	A	B	C
1	words	winNum	totalNum
2	rectangle	1	1
3	blue	1	1
4	tiger	0	1
5	circle	1	2

8.3.2 数据处理过程

pandas 对 Excel 数据的处理是以 DataFrame 数据结构作为中介的。Python 程序通过 pandas 模块的 read_excel() 函数将 Excel 文件中的数据读取为 Python 可处理的 DataFrame 数据；反过来，则通过 DataFrame 的 to_excel() 方法将 Python 中的 DataFrame 数据导出到 Excel 文件中。

因此，要想在程序中修改 Excel 中的数据，首先需要将 Excel 数据通过 read_excel() 读取到 DataFrame 中，修改 DataFrame 后，再通过 to_excel() 导出到原 Excel 文件中。另外，在读取 Excel 数据之前，应先判断 Excel 文件是否存在，若存在，可直接读取；若不存在，则无法从 Excel 文件中读取到 DataFrame，那么就需要我们在 Python 程序中自己创建一个 DataFrame 用来存储数据，并在完成数据处理后，将其导出到一个新的 Excel 文件中。

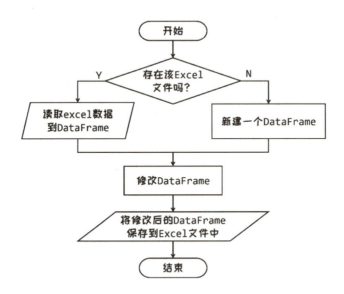

根据以上程序流程图，我们可以设计 modifyExcel() 函数如下，用以修改 Excel 文件中记录的各个单词的猜中次数和总出现次数：

```
import pandas as pd
file_save_path = 'e:/wordGrade.xlsx'
```

第八章 单词密码（下）

```
def openExcel():
    try:
        data = pd.read_excel(file_save_path ,index_col='words')
    except FileNotFoundError:
        data = pd.DataFrame(columns=['words','winNum','totalNum'])
        data = data.set_index('words')
    return data

def modifyExcel(word,ifWin):
    data = openExcel()
    words = list(data.index)
    if word in words:
        data.loc[word,'totalNum'] += 1
    else:
        data.loc[word] = [0,1]
    if ifWin==True:
        data.loc[word,'winNum'] += 1
    data.to_excel(file_save_path)
```

- 若已存在 wordGrade.xlsx 文件，则直接读取数据，并将'words'列设为行索引
- 若不存在该文件，则新建一个数据为空的，行索引为'winNum'和'totalNum'，列索引为'words'的 DataFrame
- 若 word 已在 Excel 中，更新 word 的总次数 +1
- 若 word 还不在 Excel 中，新增记录
- 若单词被猜中，更新单词的猜中次数 +1
- 保存更新内容到 Excel 文件中

🎮 8.4 任务二：显示单词猜中率的数据分析结果

分析单词的猜中率，首先仍需要读取 Excel 数据，可直接调用我们上面已经设计好的 openExcel() 函数。然后，从获取到的 DataFrame 中循环计算并输出 Excel 中记录的各个单词的猜中率。单词猜中率 = 猜中次数 / 总次数。

设计用于显示单词猜中率的 showRate() 函数如下：

```
def showRate():
    data = openExcel()
    for word in list(data.index):
        rate = data.loc[word,'winNum']/data.loc[word,'totalNum']
        print('{} 猜中率为：{}'.format(word,rate))
```

- 调用 openExcel() 自定义函数读取 Excel 数据
- word 为行索引，通过 loc 获取猜对次数和总次数

📖 数据可视化

为了更直观地显示数据分析的结果，我们还可以以图表的形式实现数据可视化。

在 Python 中实现数据可视化可以通过第三方模块 matplotlib，需通过 pip 命令联网下载安装：pip install matplotlib。matplotlib 是 Python 的一个 2D 绘图模块，pylab 和 pyplot 都是它的子模块，非常适合进行交互式绘图。接下来，我们就将以上数据分析的结果进行可视化表达。

（1）绘制折线图

```
import matplotlib.pylab as pl          ← 导入 pylab 子模块，并设置模块别名为 pl
def showRate():
    data = openExcel()
    x=[]
    y=[]
    for word in list(data.index):
        rate = data.loc[word,'winNum']/data.loc[word,'totalNum']
        print('{} 猜中率为：{}'.format(word,rate))
        x.append(word)
        y.append(rate)
    pl.plot(x,y)      ← 准备【折线图】绘制数据：列表 x 存储横坐标的值（单词）；列表 y 存储纵坐标的值（单词猜中率）
    pl.show()         ← 显示图形
```

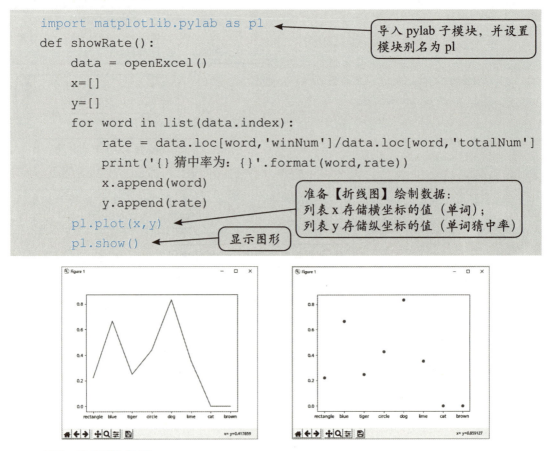

（2）绘制散点图

在 plot() 函数后增加一个参数 'o'，就能将折线图变为散点图。

```
pl.plot(x,y,'o')
pl.show()
```

（3）绘制直方图

用 matplotlib 模块的子模块 pyplot 中的 bar() 函数绘制直方图：

```
import matplotlib.pyplot as plt        ← 导入 pyplot 子模块，并设置模块别名为 plt
# 绘图
```

```
plt.bar(x,y, align='center',color='steelblue',alpha=0.8)
# 添加横坐标的刻度标签
plt.xticks(x)
# 设置 y 轴的范围
plt.ylim([0,1])
# 显示图形
plt.show()
```

通过几次实验绘制出右图所示图形，从中可以看出，像 blue、dog 等常见的单词猜中率较高，而像 rectangle 等较复杂的单词猜中率较低。当然，由于实验次数较少，所以图中所显示的数据分析结果仅供参考。

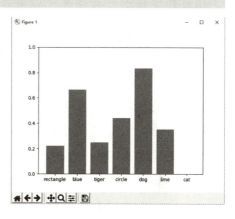

模块化编程

在第七章中，我们通过函数实现了模块化编程，模块化编程让程序的修改查错更加方便，当程序需要增加新的功能时，我们只需要继续设计新的函数，而不用过多地操心负责其他任务的函数的问题，比如，在这一章里，我们要为《单词密码》增加数据分析的功能，便根据功能要求设计了 modifyExcel() 函数和 showRate() 函数，并在程序中直接添加对该函数的调用。当需要修改某一部分功能的时候，也只需要修改对应的函数即可。当然，新增功能模块的过程中，也可能需要适时调整函数的接口，如参数和返回值等。模块化编程让程序的可扩展性大大增强，方便我们不断修改和完善程序功能，是一种很好的编程方法。

想一想

想一想我们还可以通过《单词密码》游戏分析出什么有意思的事情？数据分析可以用于哪些领域，发挥哪些作用？

数据分析

数据（Data）是我们通过对客观事物进行观察、记录、实验、计算得出的结果，它是信息的一种表现形式。数据可以是离散的值，如符号、文字等，称为数字数据；数据也可以是连续的值，如声音、图像、视频等，称为模拟数据。我们在 Excel 文件中存储的各个单词的猜对次数和总次数就属于数字数据。在计算机科学中，数据是指能够输入到计算机并被计算机程序处理的一些数字、符号或模拟量。数字本身是没有意义的，但当它被赋予一定意义，经加工处理后就成为了信息。在大数据时代，技术的发展让计算机可以采集、存储、传递、分析大量的数据，在这些海量的数据中，往往隐藏着一些肉眼难以发现的规律和潜在价值。

比如，在《单词密码》游戏中，我们通过分析各个单词的猜中率，可以粗略知道哪些单词是大多数玩家比较熟悉的，哪些单词是大多数玩家还不太熟悉的，从而进行进一步的设计，我们还可以根据这些信息为每个玩家定制推送单词复习计划等，当有越多的玩家参与这个游戏，我们的数据分析结果就会越准确。

随着大数据时代的到来，数据分析变得越来越重要，生活中的每一个角落似乎都有数据分析的存在。在网络购物时，购物 app 会根据你在网站上的行为数据、消费记录等为你推荐个性化的商品；在健康方面，智能手环等可穿戴设备通过分析采集到的人体数据，可以追踪我们的热量消耗、睡眠模式等，更厉害的，大数据技术已经被用于监视早产婴儿及患病婴儿，通过记录和分析其心跳及呼吸模式，提前 24 小时预测婴儿可能出现的不适症状，帮助医生更早地救助患病婴儿；在社会治安方面，警察可以使用大数据工具来检测和阻止网络攻击，预测犯罪活动等；在金融交易方面，通过大数据分析工具分析社交媒体网络和新闻网站中的信息，在几秒钟时间内就可以决定股票的买入和卖出……数据分析已经渗透到了社会生活和经济生产的方方面面，数据分析正在推动着社会发展，并提升着我们的生活质量。

本章小结

在这一章里，我们对上一章的《单词密码》游戏又进行了升级，虽然只是一个小小的游戏，但我们已经初步体会到了数据分析带来的魅力。随着科学技术的进步，我们每天都在生产并存储无数的数据，通过数据分析，我们能够挖掘出隐藏在其中的一些肉眼不可见的信息。想一想，通过这一章的学习，你知道怎么操作、分析数据，以及如何将之可视化为各类图表了吗？你对数据分析有了新的了解了吗？

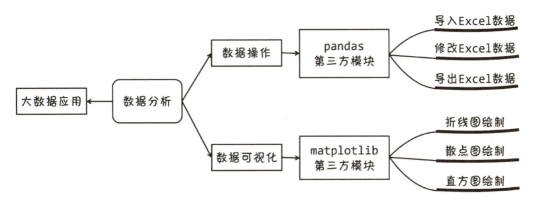

练一练

1. 下列有关 DataFrame 说法正确的是（　　）。（多选）

   A. DataFrame 是一种表格型数据结构，其中所有值的类型必须一致

   B. 可以向 DataFrame 中添加之前不存在的列索引

   C. DataFrame 中每一列有相同数目的数据，若有缺失值用 NaN 代替

   D. DataFrame.Index 可以获取所有行索引，DataFrame.columns 可以获取所有列索引。两者不是列表，但都可以通过 list() 函数转化为列表

2. 小明的成绩如下所示，请用 DataFrame 存储这些数据，并写出 Python 代码，将 DataFrame 中的数学成绩改为 90。

   Math：95 分

   Chinese：90 分

   English：98 分

   Physic：80 分

   Chemistry：85 分

3. 为《单词密码》增加玩家排名功能，每次游戏之前，玩家需输入自己的名字，玩家每猜对一个单词，就加 1 分，游戏需通过 Excel 文件记录玩家得分，在游戏结束后，显示玩家得分排名。（提示：想一想 Excel 文件中应存储哪些数据？）

4. 学校将不同年级不同班级的平均成绩存储在 Excel 表格中，如下所示。

grade	class	member	score
Grade1	Class1	43	80
Grade1	Class2	45	83
Grade1	Class3	44	84
Grade2	Class1	46	81
Grade2	Class2	47	82

（1）如何提取出上表中 Grade2 Class1 的分数？

（2）假设上表中的数据是一年前的，如何更新年级数据？（提示：修改 Grade。）

5. 下列函数中绘制折线图的是（　　）。

A. plot(x,y)　　　　　　　　B. hist(x)

C. plot(x,y,'o')　　　　　　　D. bar(x,y)

自我评价表

★ 我成功地解决了问题	☐
★ 我在程序设计中尝试了新的语法	☐
★ 我在程序设计中尝试了新的设计思路	☐
★ 我在程序设计中考虑了程序运行中多种可能出现的情况并做了处理	☐
★ 我在程序设计中解决了别人不敢碰的难题	☐
★ 我的程序代码逻辑清晰，具有很好的可读性，方便维护	☐

第九章 垃圾分类助手

🗑 9.1 本章你将会遇到的新朋友

- 集合
- 人工智能的简单应用

🗑 9.2 垃圾为什么要分类？

我们每天都在制造垃圾，被我们丢弃的可乐瓶、塑料袋、一次性塑料餐盒，如果被埋在地下，就算过了 100 年也烂不掉，还会导致农作物减产、动物误食等。

但是，通过垃圾分类，有不同利用价值的垃圾会被送往不同的工厂进行再加工，对有机垃圾进行堆肥发酵处理，可制成肥料；纸张、塑料、玻璃、金属以及废旧家用电器等亦可变废为宝；没有回收利用价值的无机垃圾作填埋处置，热值较高的可燃垃圾作焚烧处置……总之，不同类型的垃圾有不同的处理方法，垃圾分类能帮助我们有效提高资源的回收利用率，并减少环境污染。

四个垃圾桶

如今我国的生活垃圾一般可分为四大类：可回收垃圾、有害垃圾、厨余垃圾、其他垃圾。

🗑 9.3 垃圾分类助手

垃圾分类能够让我们生活的环境更加美好，但是在进行垃圾分类的时候，我们可能常常会对垃圾应该被扔进哪个垃圾桶而感到困惑。这时，如果有一个软件能够帮助我们自动识别该垃圾属于什么类型就好了。这一章，我们就来一起做一个垃圾分类助手。

任务分解

想一想，用计算机实现垃圾分类需要经过哪些步骤？

首先，需要向计算机输入要扔的垃圾；接着，计算机判断该垃圾所属的类别；最后，计算机输出垃圾应该被扔到哪个垃圾桶。

根据任务分解结果，我们可以完成程序的初步架构：

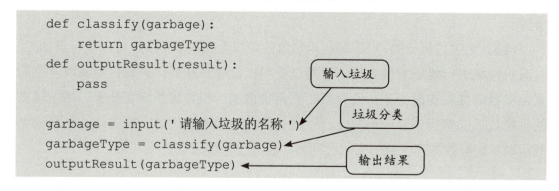

9.4 任务一：输入垃圾

目前，我们使用最多的，也是最简单、直接的输入方式就是键盘输入。在《垃圾分类助手》的程序中，可以直接使用 input() 函数，让用户输入需要分类的垃圾名称：

```
garbage = input('请输入垃圾的名称')
```

9.5 任务二：垃圾分类

前面提到过，根据垃圾的特性，我们将垃圾分为可回收垃圾、有害垃圾、厨余垃圾、其他垃圾。具有共同特点的一些事物，可以将其归为一类，便于统一处理。在数学中，常用"集合"的形式来表示一类事物，在 Python 中，也有"集合"，它是一种特殊的数据类型,可以用来存储一组有着某种共同特点的数据。

📖 集合

集合和元组、列表、字典一样,都是"容器型"数据,可存放多种类型的数据。集合属于可变数据类型,可添加、删除、修改其中的元素,但集合不属于序列型数据,其中的元素

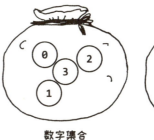

数字集合　　　　字符串集合

没有先后顺序。它就像一个大口袋,只要一个数据属于这个集合,就把这个数据扔进这个大口袋里。谁先被扔进去,谁后被扔进去都没关系,只要来到这里,大家就是一家人,没有等级先后之分。另外,集合中的元素和字典中的"键"一样,不可重复出现。

至此,我们已经认识了 4 种组合型数据类型。它们之间有相同之处,也有不同之处,让我们来对比一下这 4 位朋友各自的特点:

组合型数据类型	英文	创建	存储方式	是否可变	是否有序
列表	List	[1,'a']	值	可变	有序
元组	Tuple	(1,'a')	值	不可变	有序
字典	Dict	{'a':10,'b':20}	键值对(键不能重复)	可变	无序
集合	Set	{0,1,2,3}	键(不能重复)	可变	无序

（1）集合的创建

集合中的元素之间用","隔开,所有元素用"{}"括起来。在一个集合中,一个元素只能出现 1 次,若创建集合时某个元素出现了多次,最终也只有一个能留下来。例如,创建一个集合存储所有有害垃圾:

```
>>> garbage_hazardous = {'药品','电池','荧光灯','杀虫剂','温度计'}
>>> garbage_hazardous
{'药品','电池','荧光灯','杀虫剂','温度计'}
```

直接创建集合

除了直接创建集合,也可以通过 Python 内置函数 set() 将一个列表或元组转化成集合。并且,由于集合中的元素不可重复出现,因此若列表或元组中有重复出现的元素,通过 set() 函数转化为集合后可实现"去重"功能。例如:

```
>>> garbageList = ['药品','电池','荧光灯','杀虫剂','温度计','温度计']
>>> garbage_hazardous = set(garbageList)
>>> garbage_hazardous
{'药品','电池', '荧光灯','杀虫剂','温度计'}
```

> 通过 set() 创建集合，去除重复的"温度计"

（2）判断元素是否在集合中

通过 in 或者 not in 操作符，可以判断一个元素是否在集合中。例如，判断电池是否属于有害垃圾：

```
>>> garbage_hazardous = {'药品','电池', '荧光灯','杀虫剂','温度计'}
>>> '电池' in garbage_hazardous
True
>>> '电池' not in garbage_hazardous
False
```

（3）向集合中添加元素

通过集合的 add() 方法，可以将一个新元素添加到集合中，但 add() 方法只能向集合中添加一个不可变元素，比如一个数字、字符串，而无法添加进列表、字典等可变元素。例如，向"有害垃圾"的集合里添加"油漆桶"：

```
>>> garbage_hazardous = {'药品','电池', '荧光灯','杀虫剂','温度计'}
>>> garbage_hazardous.add('油漆桶')
>>> garbage_hazardous
{'药品','电池', '荧光灯','杀虫剂','温度计', '油漆桶'}
```

（4）从集合中移除元素

通过集合的 remove() 方法，可以将集合中的某一元素移除。例如，移除"有害垃圾"集合里不属于有害垃圾的"香蕉"：

```
>>> garbage_hazardous = {'药品','电池', '荧光灯','杀虫剂','香蕉'}
>>> garbage_hazardous.remove('香蕉')
>>> garbage_hazardous
{'药品','电池', '荧光灯','杀虫剂' }
```

关于集合，还有很多相关的函数和方法，具体可见本章附录。

> 将不同类型的垃圾放在不同的集合里，我们就可以在程序中实现简单的垃圾分类了。一起来设计程序试一试吧！

首先，需要创建 4 个集合，分别存放可回收垃圾、厨余垃圾、有害垃圾、其他垃圾。当然，这里只显示了部分垃圾，垃圾分类助手要想实现更加精准的分类，还需要专门向各个集合中不断增加相应的元素，使用数据库等方式进行专门的数据管理，这里仅以下面列出的垃圾为例进行案例学习。

```
""" 4 种类型垃圾的集合 """
garbage_recyclable = {
'塑料瓶','食品罐头','玻璃瓶','易拉罐','报纸','书包','手提包',
'鞋子','塑料篮','玩偶','玻璃壶','铁锅','垃圾桶','塑料梳子','帽子',
'夹子','锁头','篮球','纸袋','纸盒','玩具','木质梳子','煤气罐',
'酒瓶'
}
garbage_kitchen = {
'菜叶','橙皮','葱','饼干','番茄酱','蛋壳','西瓜皮','马铃薯','鱼骨',
'甘蔗','玉米','骨头','虾壳','蛋糕','面包','草莓','西红柿','梨',
'蟹壳','香蕉皮','辣椒','巧克力','茄子','豌豆皮','苹果'
}
garbage_hazardous = {'药品','电池','荧光灯','杀虫剂','温度计',
'油漆桶','油漆','蓄电池','医用针管','日光灯','节能灯','口服液',
'消毒剂','雷达瓶子','电子烟','相片底片','灯泡','杀虫喷雾','针头',
'灭蚊液','老鼠药','农药瓶','医用手套'
}
garbage_others = {'化妆刷','海绵','发胶','卫生纸','镜子','猪大骨头',
'陶瓷碗','茶壶','油画颜料','花盆','衣服','烟蒂','湿垃圾袋','扫把',
'牙刷','牙膏皮','水彩笔','调色板','打火机','荧光棒','便利贴','污损纸张'
}
```

将各个垃圾分类到不同集合之后，我们就可以开始设计实现垃圾分类功能的函数 classify(garbage) 了。在该函数中，需要通过条件判断语句，判断垃圾所属的类型，并由此返回判断结果。

```
''' 垃圾分类，返回分类结果
返回 -1：表示集合中还没有该垃圾，未能判断出该垃圾的所属类型
'''
def classify(garbage):
    garbageType = -1
    if garbage in garbage_recyclable:
        garbageType = '可回收垃圾'
    elif garbage in garbage_kitchen:
```

> 通过 in 运算符判断垃圾 garbage 在哪个集合里

```
            garbageType = '厨余垃圾'
        elif garbage in garbage_others:
            garbageType = '其他垃圾'
        elif garbage in garbage_hazardous:
            garbageType = '有害垃圾'
        else:
            garbageType = -1   # 表示集合中还没有该垃圾,未能判断出垃圾类型
        return garbageType
```

值得注意的是,在我们所设置的四个垃圾集合中,还没有涵盖世界上所有的垃圾,因此在判断过程中,输入的垃圾可能并不在四个垃圾集合中,这样程序就可能无法判断该垃圾到底属于什么类型。这时,让程序诚实地报告"判断失败"也未尝不是一种解决办法。

9.6 任务三:输出结果

根据 classify() 函数返回的结果,可以输出垃圾分类的结果,告诉用户该垃圾属于什么类型的垃圾,投放要求是什么等。

```
01. def outputResult(garbageType):
02.     if garbageType == -1:
03.         text = 'Sorry, 暂时无法判别该垃圾。'
04.     elif garbageType == '可回收垃圾':
05.         text = '可回收垃圾。投放要求:轻投轻放;清洁干燥,避免污染;若是
                废纸请尽量平整;若是立体包装物请清空内容物,清洁后压扁投放;有
                尖锐边角的,应包裹后投放。'
06.     elif garbageType == '厨余垃圾':
07.         text = '厨余垃圾。投放要求:若是纯流质食物垃圾请直接倒入下水口;
                若是有包装物的湿垃圾应将包装物取出后分类投放,包装物请投放到对应
                的可回收物或干垃圾容器,'
08.     elif garbageType == '其他垃圾':
09.         text = '其他垃圾。投放要求:尽量沥干水分。'
10.     elif garbageType == '有害垃圾':
11.         text = '有害垃圾。投放要求:注意轻放;易破损的请连带包装或包裹后轻放;
                如易挥发,请密封后投放。'
12.     print(text)
```

现在,我们就初步完成了一个简易的垃圾分类助手。输入垃圾名称,程序就会告诉你该垃圾应该投入哪个垃圾桶,以及投放的要求等。

9.7 反思评估

随着人工智能时代的到来,各种智能系统的诞生让我们的生活更加便利和有趣。人脸识别、无人驾驶汽车、聊天机器人等这些从前只出现在科幻片里的事物都变成了现实。若我们的垃圾分类助手也能够直接通过扫一扫完成垃圾的自动识别,而不需要用户每次都输入垃圾名称,并且扫描完成之后,它还能以语音播报的形式告诉我们垃圾的类别及投放要求,我们的垃圾分类助手一定会为生活带来更大的便利。

9.8 软件升级

要实现"垃圾分类助手"的智能化,我们首先需要了解一下人工智能是什么。

9.8.1 人工智能

人工智能(Artificial Intelligence),简称 AI,它其实是计算机对人的意识、思维等信息加工过程的一种模拟,能够像人类一样进行对话、交流和思考。计算机科学家通过研究人类智能活动的规律,用计算机软硬件来模拟这种活动和规律,比如,在本书"诊病机器人"一章中,就是用 if-then 规则构建推理机来模拟人类医生诊病时的思考过程。除此以外,计算机还能模拟人类的识别、分类、学习、推理、博弈、辨证处理、定理证明等多种智能活动,人工智能既是对人类智能的模拟,也能让人类更好地认识自己。

人工智能的研究领域包括机器人、语言识别、图像识别、自然语言处理和专家系统等。这里,我们要实现智能化的"垃圾分类助手",需要图像识别技术——用于识别垃圾图像,以及语音合成技术——用于语音播报识别结果。

9.8.2 图像识别

图像识别是什么呢?简单来说,就是计算机能够识别出图片中的内容是什么。例如,将一张苹果的图片输入计算机,计算机就能识别并输出:这是苹果。

想一想,作为一个拥有智能大脑的人,你是如何知道苹果就是苹果的呢?

人不可能一出生就知道苹果是什么，认识苹果也需要积累许多的经验。刚开始，可能是父母告诉你这种看起来又红又圆、咬起来又脆又甜的水果就是苹果，也可能是你从图画书上某一页看到画着苹果模样的图案下面写着"苹果"二字……总之，我们是通过学习认识了苹果。

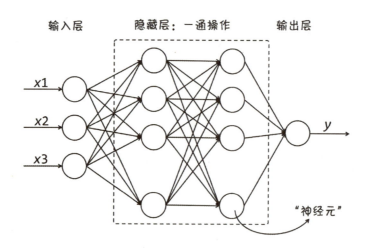

那么，人是怎么学习的呢？脑科学的研究发现，人脑中有大量的神经元，神经元之间相互连结，传递信号，于是人有了逻辑思考的能力。机器也一样，机器也需要通过"学习"获得"知识"。计算机科学家们从人脑的神经元结构中获得灵感，创造了神经网络算法，让机器能够自己学习。神经网络模型中的一个节点就相当于人类大脑中的一个神经元。

神经网络模型

神经网络模型是机器学习中的一种算法，为了让你更好地理解它是怎么一回事，我们举个简单的例子来说明一下：假设我们希望计算机能够估算房价，于是我们先让它学习，学习需要有一定的学习材料，于是我们告诉它一些房子的房间数目、楼层、地段等信息，把这些信息统统作为输入，送到神经网络模型中进行一系列的操作，最后就会输出一个房价，但这是计算机在不知道真实房价的情况下计算出来的，这个结果可能并不是真实的房价，就像人类在学习过程中可能会犯错一样。学习的过程总会犯错，但关键在于我们知道改正错误。于是，当计算机计算出一个初始价格后，我们再告诉它真实的房价，让它根据两者的偏差来不断修正模型中的计算规则。在大量数据的训练下，这个神经网络模型不断试错，逐渐调整自己的准确度，最终完成学习，成为一个优秀的房价预测高手，能够准确预测房子的价格。

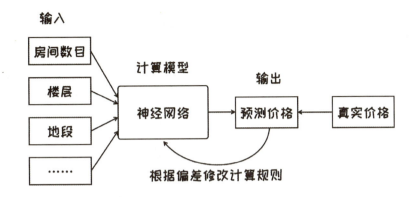

机器擅长进行数学运算，所有的事物都可以进行编码。在预测房价中，输入内容"房间数目""楼层"等都是数字，"地段"也会被编码为数字，这样计算机才能通过计算得出结果。在图像识别中，输入内容是什么呢？它们如何转化为计算机可处理的数字呢？

对计算机来说，一幅图片就是无数的像素点，每一个像素点都有一个值；机器通过提取苹果图片中的特征进行不断地模型训练，完成学习之后，就能调用这个训练好的模型，举一反三，识别出所有的苹果。

（1）特征学习——模型训练

和房价预估高手的训练过程一样，当我们用神经网络模型来训练计算机识别苹果时，也需要用很多苹果的图片来训练模型，计算机从图片中抓取出重要特征，并将这些特征作为参数，传入神经网络的输入层进行训练，成百上千次训练后，计算机就能构建出一个关于苹果的特征资料库，完成对苹果的学习。

（2）识别判断——调用模型

当计算机完成了成百上千次的学习后，我们再将一个新的图片传入计算机，程序将图片的特征数据传入已经训练好的神经网络模型中，模型经过一系列计算输出计算结果，并将之与计算机内部的苹果特征资料库进行特征对比，就可以判断新传入的这张图片到底是不是一个苹果了。

现在,虽然我们已经大概了解了图像识别的基本原理,但要实现它,还需编写代码以建立模型,并且需要大量的数据作为训练样本去训练模型。这听起来还挺费劲的,但事实上,很多公司都提供了 AI 开放平台,平台中提供了各项人工智能技术的应用程序编程接口(Application Programming Interface),也简称 API。接口就像一个连通你的程序和 AI 模块的关键入口。你可以通过这个"入口",让你的程序实现人工智能。

当然,若你对人工智能很感兴趣,也可以去看看有关的书籍,尝试自己设计代码。下面我们来学习一下如何调用百度 AI 开放平台提供的人工智能服务。

9.8.3 百度 AI 开放平台

(1)百度 AI 开放平台网址:http://ai.baidu.com/

进入百度 AI 开放平台,在产品服务栏中,可以看到平台为我们提供了丰富的人工智能服务,包括语音技术、图像技术、人脸识别技术等。

(2)安装百度人工智能 SDK

SDK(Software Development Kit)是一个用来帮助开发程序的工具箱。对 Python 来说,百度人工智能 SDK 就是一个第三方模块,下载安装之后才能调用其中的人工智能技术工具。通过 pip 命令可完成 SDK 的下载与安装。

```
E:\software\Python3\Scripts>pip install baidu-aip
Collecting baidu-aip
  Using cached https://files.pythonhosted.org/packages/2b/73/75afce24e218eb3a54
8c3d7c8899211a918df9d3a665f893e116a6facc3a/baidu-aip-2.2.5.2.tar.gz
Requirement already satisfied: requests in e:\software\python3\lib\site-package
s (from baidu-aip) (2.19.1)
Requirement already satisfied: urllib3<1.24,>=1.21.1 in e:\software\python3\lib
\site-packages (from requests->baidu-aip) (1.23)
Requirement already satisfied: chardet<3.1.0,>=3.0.2 in e:\software\python3\lib
\site-packages (from requests->baidu-aip) (3.0.4)
Requirement already satisfied: certifi>=2017.4.17 in e:\software\python3\lib\si
te-packages (from requests->baidu-aip) (2018.4.16)
Requirement already satisfied: idna<2.8,>=2.5 in e:\software\python3\lib\site-p
ackages (from requests->baidu-aip) (2.7)
Installing collected packages: baidu-aip
  Running setup.py install for baidu-aip ... done
Successfully installed baidu-aip-2.2.5.2

E:\software\Python3\Scripts>
```

Python 下载安装的模块都会以文件形式存储在 python 安装目录下的 Lib/site-packages 文件夹下，baidu-aip 安装成功后，你会看见该文件夹下出现了一个新的文件夹：aip。这便是百度人工智能的 SDK。另外，还有一个 baidu_aip-2.2.5.2-py3.7.egg-info 文件夹，其中是一些 txt 文件。在 aip 文件夹下，你会看到一些 .py 文件，若将这些文件打开，便可看见里面定义了很多函数，这些就是用来开发 AI 程序所需的"工具"。

（3）使用手册

就像电视、手机、家具、药品等都有说明书一样，百度 AI 开放平台也为我们提供了使用手册，让我们能随时查看实现各个功能的方法、参数的类型及意义、返回值的类型及意义等接口信息。程序设计语言日新月异，Python 丰富的第三方模块让我们能够实现更多更高级的功能，因此，学会查看使用手册、学会学习是学习编程的一项重要能力。

进入百度 AI 开放平台，在"开发与教学"中，"开发资源"板块的文档中心有教学视频，你可以通过观看教学视频或查阅文档学习如何使用百度 AI 接口。

在"文档中心"页面，提供了包含语音技术、图像技术、文字识别、人脸/人体识别等多种产品服务的文档说明。

百度 AI 开放平台针对不同程序设计语言提供了不同的调用接口，单击"产品与服务"中的某一项技术，如"图像识别"，进入文档页面。在文档页面，可以看到左边一栏"SDK 文档"下提供了 Java、PHP、Python、C 等不同程序设计语言的 SDK 文档，我们选择 SDK 文档下的 Python 语言，就可以查看在 Python 中如何调用平台中的 AI 服务说明。同样，若你使用其他程序设计语言进行 AI 编程，则需要查看对应语言的文档说明。

（4）控制台——创建和管理你的 AI 应用

在百度 AI 开放平台中，控制台是专门用于创建和管理你的 AI 应用的地方。单击主页右上角中的"控制台"，注册并登录百度账号即可进入控制台。

在"控制台"中，单击左边一栏中的某一项服务，如"图像识别"，进入控制台的管理页面。

一个程序要使用百度 AI 开放平台提供的 AI 技术服务，首先要在控制台的管理页面创建应用，告诉平台：我准备创建这样一个应用了，需要使用你们的某个 AI 服务。创建成功之后，平台就会给你一把专门的"钥匙"，用于在这个应用中开启所需的 AI 服务。

在控制台的管理页面，会显示已经创建的应用的个数，单击"管理应用"，可查看并管理每个应用的具体信息；单击"创建应用"，即可创建一个新的应用。

接下来，我们来创建一个叫"垃圾分类助手"的图像识别应用，并获取开启该"图像识别"服务的"钥匙"。单击"创建应用"，进入创建应用的页面，输入应用的名称，在页面下方单击"立即创建"，收到"创建完毕"的提示，即创建成功。创建成功之后，平台会为该应用生成一个独一无二的 AppID，就像每个人都有一个独一无二的身份证号一样。同时，平台会为该应用生成两把钥匙，一把是 API Key，另一把是 Secret Key，这两把钥匙至关重要，用于在 Python 程序中为这个应用开启对应的 AI 服务。

现在，我们在 AI 控制台的"图像识别"控制中心创建了一个叫"垃圾分类助手"的应用，并获取到了该应用的 ID 和 AI 服务的"钥匙"，接下来，就可以在 Python 程序中调用 AI 平台中提供的图像识别技术了！想想就激动，一起来试试吧！

9.9 垃圾分类助手升级——拍照智能识别

有了图像识别技术，我们就可以在摄像头前扫描垃圾，取代键盘输入垃圾名称的过程。

9.9.1 第一步：创建图像识别客户端

与之前所编写的程序不同，百度 AI 平台的训练数据和模型存储在服务器上，因此程序必须联网才能运行。为了方便我们调用，平台设计了相应的"客户端"，客户端就是每一个想要调用 AI 服务的用户，通过 Python 语言告诉客户端我们需要什么服务，客户端就会去服务器端将所需要的服务传送回来。客户端是我们在本地的 Python 程序中创建的一个对象。在 Python 中，图像识别的客户端是一个 AipImageClassify 对象，其中有调用图像识别服务的一些方法。

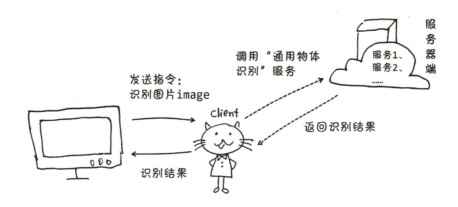

事实上,图像识别的过程需要很多底层代码,并且需要大量的数据对模型进行训练。百度 AI 平台为了方便我们使用这项技术,就将训练好的模型和数据库等都存储在了服务器端,我们只需要编写简单的代码,通过客户端调用服务器端的图像识别服务,就可以实现一个简单的人工智能小程序了。

图像识别客户端的创建需要传入应用的 AppID,以标识应用身份,还需要传入平台分配给应用的两把钥匙,API Key 和 Secret Key,用以开启应用的 AI 服务,这些信息均可在 AI 服务控制台的应用列表中查看。

```
from aip import AipImageClassify

""" 你的 APPID AK SK —— 图像识别 """
APP_ID_pic = '你的 App ID'
API_KEY_pic = '你的 API Key'
SECRET_KEY_pic = '你的 Secret Key'

client_pic = AipImageClassify(APP_ID_pic, API_KEY_pic, SECRET_KEY_pic)
```

9.9.2 第二步:"看见"垃圾

"看见"垃圾,有两个含义:一是要通过眼睛看,二是要识别出看到的东西是什么。计算机"看见"垃圾的过程就像人看见垃圾的过程一样,假如我们看到一个苹果,首先,苹果的图像会通过眼睛传输到大脑中,此为"看";然后,经过大脑中神经元的复杂计算,我们才会意识到这是一个苹果,此为"识"。同样的道理,计算机"看见"垃圾也要经过"看"和"识"这两个过程。

(1)"看"——摄像头捕获并保存物品图像

关于如何在 Python 程序中开启摄像头拍照并保存图片,本书不进行详细讲解,但会为你提供参考代码,你可以直接将其复制到你的 Python 程序中。首先,调用摄像头需要 opencv-python 模块,需提前下载安装:

```
pip install opencv-python
```

安装成功后,编写 takePhoto() 函数实现拍照功能。在下面的程序中,将拍下的照片存放到 E 盘下的 garbage 文件夹下。如果你想将拍下的照片存放在其他位置,请修改代码中的 imagePath。

注意:这里导入 open cv-python 模块,不用 import open cv-python,而用 import cv2。

```python
import cv2
import time


''' 拍照保存图片到 e:/garbage 下 '''
def takePhoto():
    cap = cv2.VideoCapture(0)  # 通过摄像头捕获实时图像数据的对象
    while True:
        ret_flag , frame = cap.read()  # 读取视频每一帧的图像数据
        cv2.imshow('capture',frame)  # 窗口显示,显示名为 capture
        k = cv2.waitKey(1) & 0xFF  # 每帧数据延时 1ms,读取键盘按键
        if k == ord('p'):
            imagePath = "e:/garbage/"+ str(time.time()) + ".jpg"
            cv2.imwrite(imagePath,frame)  # 将 fame 图像存到 imagePath
            break
    cap.release()  # 释放摄像头
    cv2.destroyAllWindows()  # 删除建立的全部窗口
    return imagePath


''' 读取图片 '''
def get_file_content(filePath):
    with open(filePath, 'rb') as fp:
        return fp.read()


imagePath = takePhoto()
garbageImage = get_file_content(imagePath)
```

（照片保存位置）

（模式参数"rb"表示用二进制方法读取图像数据）

调用 takePhoto() 函数即可打开摄像头,这时你会看到摄像头旁边的指示灯亮起;当你按下按键"p"时,进行拍照,并将图片保存到一个指定位置,如"e:/

garbage"文件夹下,且图片以当前时间作为文件名;然后,函数会将图片保存的位置返回,赋值给 imagePath;接着,程序就可以通过 get_file_content() 函数读取"垃圾"的图像文件。

知识卡片——图像数据

数字图像是由一个个像素点的矩形框组成的,如果你把一张图在画图软件中放大,就会看到图像是由很多个小格子组成的,每个小格子都只有一种颜色,它们就是构成图像的最小单元——像素(pixel)。不同的像素值代表了不同的颜色,对于彩色图像来说,通常用红、绿、蓝三原色来分量表示,这和我们之前接触的颜色值是一样的,例如红色就是 #FF0000(十六进制表示法)。

一张图中,每个像素都有一个颜色值,因此图像数据就是指一张图中各个像素点颜色值的集合。这样,当将图像存储在计算机中,即要把图像信息转换成数据信息时,就要将图像分解为很多小区域(像素),并且顺序地抽取其中每一个像素的颜色值,就可以将一幅连续的图像用一组连续的数据来表示了。

在网络中,传送的数据都是二进制的,也就是说图片、文字等信息要转换成一定的二进制代码才能在网络中传送。这也就是为什么我们在上面读取图像文件的代码中,使用了二进制方法来读取图像数据,open(filePath,'rb') 中,r 表示以只读模式打开文件,b 表示以二进制方法打开文件(二进制的英文为 Binary,所以用 b 表示)。这样,用 "rb" 模式打开图像文件后,再通过 fp.read() 读取得到的图像数据就是二进制的图像数据,它将在之后由客户端通过网络,发送到提供"图像识别"服务的服务器端,以获取图像识别的结果。

(2)"识"——图像导入程序进行图像识别

创建好的图像识别客户端可以向服务端申请获取多种类型的图像识别服务,包括通用物体识别、菜品识别、车辆识别、logo 商品识别、动物识别、植物识别、图像主体识别等,可以通过客户端的不同方法来实现。如果你不确定要识别的图片属于什么类别,就选择通用物体识别。下表中,参数 image 是图像的二进制数据。

通用物体识别	client.advancedGeneral(image)
菜品识别	client.dishDetect(image)
车辆识别	client.carDetect(image)
Logo 商品识别	client.logoSearch(image)
动物识别	client.animalDetect(image)
植物识别	client.plantDetect(image)
图像主体识别	client.objectDetect(image)

【图像识别结果】

完成图像识别之后，客户端会以字典的形式将识别结果返回给我们，该字典中包含 3 个元素：（1）log_id 对应唯一的 log id，用于问题定位；（2）result_num 的值是识别出的结果数目；（3）result 的值是一个列表，里面存放着识别出的每个结果的具体信息，每个结果的具体信息分别存放在各自的字典里，这些信息包含识别得分（score）、物品所属类型（root），以及物品名称（keyword），得分越高，表示该结果的匹配程度越高。例如，让程序识别一个手机，调用创建的"图像识别"客户端 client_pic 的 advancedGeneral() 方法，将拍照读取出的图像二进制数据 garbageImage 作为参数传入：

```
client_pic.advancedGeneral(garbageImage)
```

识别结果输出如下，可以看到，score>0.5 时，结果为平板手机或手机，与实物相符；而 score<0.5 时，结果为电脑甚至相框，与实物不符。

```
{ 'log_id': 8293701724971699918,
  'result_num': 5,
  'result': [
    {'score': 0.803217, 'root': '商品-数码产品', 'keyword': '平板手机'},
    {'score': 0.638958, 'root': '商品-数码产品', 'keyword': '手机'},
    {'score': 0.360128, 'root': '商品-电脑办公', 'keyword': '平板电脑'},
    {'score': 0.179723, 'root': '商品-生活用品', 'keyword': '数码相框'},
    {'score': 0.013009, 'root': '商品-数码产品', 'keyword': '数码伴侣'}]}
```

【打印识别结果】

从以上字典中，我们可以获取想要的信息。例如，打印出得分最高的识别结果的物品名称及所属类型：

```
resultInfo = client_pic.advancedGeneral(garbageImage)
result = resultInfo['result'][0]
score = result['score']
root = result['root']
keyword = result['keyword']
print('该物品是{},属于{},可能性为{}'.format(keyword,root,score))
```

结果列表中，各结果按得分降序排列，第一个结果得分最高，所以 resultInfo['result'][0] 为得分最高的结果打印结果：该物品是平板手机，属于商品-数码产品，可能性为 0.803217。

9.9.3 第三步：垃圾分类

之前的程序中，输入的是一个字符串，为用户直接用键盘输入的垃圾名称；现在，输入的是一个图像文件，为我们通过摄像头读取到的"垃圾"图像。因此，需要修改主程序中的输入，同时还需要修改负责判断输入的垃圾类别的函数——classify()。

（1）修改主程序：

```
''' 拍照并将图片保存到 e:/garbage 下 '''
def takePhoto():
    return imagePath


''' 读取图片 '''
def get_file_content(filePath):
    return image


''' 垃圾分类，返回分类结果
返回 -1：表示集合中还没有该垃圾，未能判断出该垃圾的所属类型
返回 0：表示图像识别失败，建议手动分类
'''
def classify(garbageImage):
    return garbageType


''' 输出垃圾分类结果 '''
def outputResult(garbageType):
    pass


print('即将开始识别，按 p 拍照')
imagePath = takePhoto()
garbageImage = get_file_content(imagePath)
garbageType = classify(garbageImage)
outputResult(garbageType)
```

输入"垃圾"：拍照输入图像-读取图像二进制数据

输入的参数不再是文本，而是图像二进制数据

（2）修改 classify() 函数

```
''' 垃圾分类，返回分类结果
返回 -1：表示集合中还没有该垃圾，未能判断出该垃圾的所属类型
```

返回 0：表示图像识别失败，建议手动分类
'''
```python
def classify(garbageImage):
    garbageType = ''
    """ 调用通用物体识别 """
    resultInfo = client_pic.advancedGeneral(garbageImage)
    result = resultInfo['result'][0]
    score = result['score']
    if score > 0.5:
        root = result['root']
        garbage = result['keyword']
        if garbage in garbage_recyclable:
            garbageType = '可回收垃圾'
        elif garbage in garbage_kitchen:
            garbageType = '厨余垃圾'
        elif garbage in garbage_hazardous:
            garbageType = '有害垃圾'
        elif garbage in garbage_others:
            garbageType = '其他垃圾'
        else:
            garbageType = -1
    else:
        garbageType = 0
    return garbageType
```

> 识别 garbageImage 图像
> 获取识别出的垃圾名称
> 若 score<=0.5，认为图像识别失败，将 garbageType 设为 0

（3）修改 outputResult() 函数

由于 classify() 中分类结果增加了一个"图像识别失败"的结果，因此我们还需要修改负责输出结果的函数 outputResult()。

```python
def outputResult(garbageType):
    if garbageType == -1:
        text = 'Sorry，暂时无法判别该垃圾。'
    elif garbageType == 0:
        text = '图像识别失败，建议手动分类。'
    elif garbageType == '可回收垃圾':
        text = '可回收垃圾。投放要求：……'
    elif garbageType == '厨余垃圾':
        text = '厨余垃圾。投放要求：……'
    elif garbageType == '其他垃圾':
```

> 图像识别失败的输出内容

257

```
        text = '其他垃圾。投放要求：……'
    elif garbageType == '有害垃圾':
        text = '有害垃圾。投放要求：……'

    print(text)
```

想一想

在上面的程序中，为什么设计 score>0.5 时才继续判断垃圾的类别，否则就要报告图像识别失败，并建议用户手动分类呢？

图像分析结果的 score 值决定着识别的准确性，一个垃圾在图像识别过程中可能形态模糊，导致机器也难以辨认出它是什么，这种情况下我们还能强行进行垃圾分类吗？当然不能。为了垃圾分类的正确性，强行分类自然是一种不可取的方法，不如诚实一点，向用户报告自己无法识别，请手动分类，或者重新通过文字输入。

通过多次实验，我们可以认为 score>0.5 时是接近正确的分类结果，score<=0.5 时图像识别失败。当然，score 的限定值可以调整，限定值越高，识别越准确，但分类成功的概率就会相对降低；限定值越低，识别准确率降低，但分类成功的概率会相对升高。

🗑 9.10 垃圾分类助手升级——语音播报分类结果

将文字转化为对应的语音所需的 AI 技术为"语音合成"，其原理在本书中不作介绍，若你对它感兴趣，可以查阅有关书籍或其他资料。这里，我们将介绍如何调用百度 AI 开放平台中的语音合成技术。

和图像识别一样，我们首先需要在百度 AI 控制台中创建一个"语音合成"应用。

获取到 ID 和"钥匙"之后，修改 outputResult() 函数，使输出方式从文本输出转变为语音输出。图像识别中，我们首先为垃圾分类助手创建了一个"图像识别"客户端 AipImageClassify，再调用客户端的相关方法让它"看见"。同样的道理，为了使垃圾分类助手能够用语音播报分类结果，我们也要先为它创建一个负责获取"语音合成"服务的客户端 AipSpeech，再调用该客户端的相关方法让它能够"说话"。

📖 9.10.1 第一步：创建语音合成客户端

语音合成客户端是一个 AipSpeech 对象，用于将一段文本合成对应的语音音频文件。创建该客户端也需要传入在控制台中创建语音合成应用之后获得的 ID 和"钥匙"。

📖 9.10.2 第二步：语音播报垃圾分类结果

为垃圾分类助手创建好语音合成客户端之后，我们就可以调用该客户端的 synthesis() 方法（synthesis 意为"合成"），将 text 转化为语音。如果没有成功转化，synthesis() 方法将返回 dict 字典数据类型的错误信息；如果转化成功，将返回合成的语音二进制文件流（与图像信息一样，音频信息在网络中也以二进制数据形式传递）。

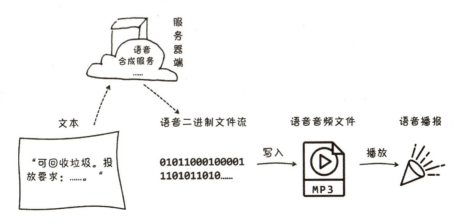

我们将返回的二进制文件流写入 MP3 文件，再通过 Python 的第三方模块 playsound 中的 playsound() 方法播放该音频文件，即可实现语音播报垃圾分类的结果。在 Python 中播放音频文件的方法有很多，这里我们采用了 playsound，它属于 Python 的第三方模块，需提前下载安装，运行 pip install playsound。

将负责输出结果的 outputResult() 函数修改如下：

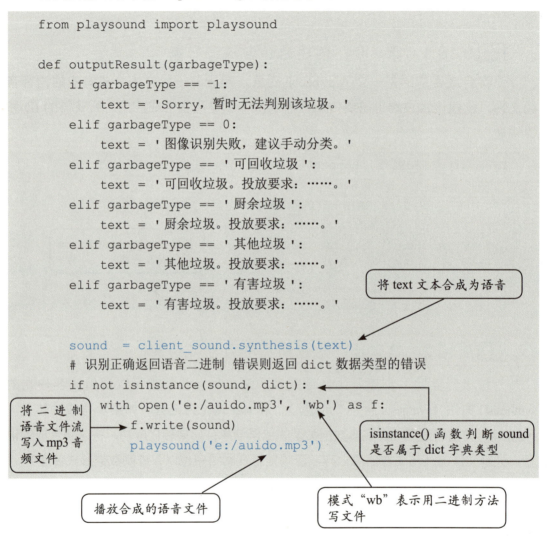

```
from playsound import playsound

def outputResult(garbageType):
    if garbageType == -1:
        text = 'Sorry，暂时无法判别该垃圾。'
    elif garbageType == 0:
        text = '图像识别失败，建议手动分类。'
    elif garbageType == '可回收垃圾':
        text = '可回收垃圾。投放要求：……。'
    elif garbageType == '厨余垃圾':
        text = '厨余垃圾。投放要求：……。'
    elif garbageType == '其他垃圾':
        text = '其他垃圾。投放要求：……。'
    elif garbageType == '有害垃圾':
        text = '有害垃圾。投放要求：……。'

    sound = client_sound.synthesis(text)
    # 识别正确返回语音二进制 错误则返回 dict 数据类型的错误
    if not isinstance(sound, dict):
        with open('e:/auido.mp3', 'wb') as f:
            f.write(sound)
        playsound('e:/auido.mp3')
```

- 将 text 文本合成为语音
- isinstance() 函数判断 sound 是否属于 dict 字典类型
- 模式"wb"表示用二进制方法写文件
- 将二进制语音文件流写入 mp3 音频文件
- 播放合成的语音文件

现在，我们就完成了垃圾分类助手的智能化升级，它可以扫描图像自动识别垃圾，并且通过语音播报告诉我们垃圾应该扔到哪个垃圾桶里。智能化后的垃圾分类小助手，让人类与机器的交流更加丰富多彩，让我们的生活更加便捷、有趣！

本章小结

在本章中，我们编写了第一个人工智能程序，图像识别、语音合成这些曾经看起来不可思议的东西在今天已经离我们很近了。许多互联网公司都开发了自己的 AI 平台，为广大人工智能开发者提供 AI 服务。机器学习是人工智能中一个重要的部分，通过机器学习的算法，机器能够从某个过程或者环境中学到大量的"知识"，并且能把这些"知识"用于预测、估计、分类和决策。神经网络模型是机器学习中一个经典的模型，它模拟了人类大脑中神经元的传递过程，在机器学习中被广泛应用。

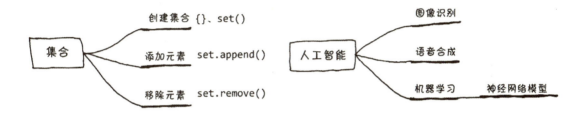

练一练

1. 关于集合，下面说法正确的是（   ）。
   A. 集合和列表、元组一样是序列型数据，里面的元素有序存放
   B. 判断某个元素是否在集合里，可以用 in 运算符
   C. 通过 set(List) 可以创建一个集合
   D. 集合和字典都用花括号"{}"括起来，两者中的元素都没有先后顺序

2. 关于人工智能，下面说法不正确的是（   ）。
   A. 就像人类要先学习之后才能参加考试或解决实际问题一样，利用机器学习中的神经网络模型进行智能识别也需要先训练模型，之后才能应用
   B. 数据是人工智能的支柱之一，人工智能系统的训练需要大量的数据做支撑，数据的质量不会影响到训练后的人工智能系统的性能好坏
   C. 在图像识别中，图像中每一个像素点数据化后作为输入量传入人工智能模型中进行计算，进而判断出图像内容
   D. 利用百度人工智能平台进行人工智能程序设计，需要先在平台上创建应用，利用密钥获得人工智能服务的权限

自我评价表

⭐ 我成功地解决了问题	☐
⭐ 我在程序设计中尝试了新的语法	☐
⭐ 我在程序设计中尝试了新的设计思路	☐
⭐ 我在程序设计中考虑了程序运行中多种可能出现的情况，并做了处理	☐
⭐ 我在程序设计中解决了别人不敢碰的难题	☐
⭐ 我的程序代码逻辑清晰，具有很好的可读性，方便维护	☐

附录 1：转义字符

转义字符	描述
\\	反斜杠符号
\'	单引号
\"	双引号
\b	退格 (Backspace)
\000	空
\n	换行
\v	纵向制表符
\t	横向制表符

参考答案

【第一章】

做一做

参考代码：50//20*15+50%20//1.5 最多可买鸡蛋数：36 枚

练一练

1.D 2.C 3.D 4.B 5.(1)0 (2)125 (3)4 (4)3 (5)6 6.print('='*10)

【第二章】

做一做

1.C、D 2.A、D

练一练

1.D 2.D 3.略（提示：需创设一个新的变量用于交换各变量的值） 4.略（提示：获取输入时需要用 float() 将 input() 返回值转化为数字类型） 5.略（提示：条件判断嵌套，注意考虑身高相等的情况）

【第三章】

做一做

"10<20<30"的逻辑表达式为：10<20 and 20<30 逻辑值为：True

练一练

1.C 2.C 3.D

【第四章】

练一练

1.D 2.B 3.运行结果：num1 2 3 num1 2 3 4.略

【第五章】

练一练

1.D 2.（1）100 （2）99 （3）12 3.略（提示：如果输入的数字 >1，再循环检验从整数 2 到所有比它小的整数中是否有一个数是它的因数，若有则不是质数；另外，如果输入的数字小于等于 1，也不是质数）

【第六章】

做一做

Q1: 求方程式 x(x-2)(x+1)(10-x)=240（x 为正整数）的解

```
# 提示：x 为正整数，则 x+1 为正整数，要使结果为正数，则 x-2≥1, 10-x≥1。
# 于是得出 x 的范围为 3≤x≤9
for x in range(3,10):
    if x*(x-2)*(x+1)*(10-x)==240:
        print(x)
```

Q2: 求方程式 (x+3)(y-6)=120 的所有正整数解。

```
# 提示：x、y 为正整数，则 x+3 为正整数，则 1≤x+3≤120, 1≤y-6≤120
# 于是得出 x 的范围为 1≤x≤117；y 的范围为 7≤y≤126
for x in range(1,118):
    for y in range(7,127):
        if (x+3)*(y-6)==120:
            print("x={},y={}".format(x,y))
```

Q3: 略（提示：设 5 元币 x 枚，10 元币 y 枚）

Q4: 略（提示：设第一位数字为 x，第二位数字为 y）

练一练

1. 不能，列表下标从 0 开始，第三个元素为 name[2]。 2.name.remove('Henry') 3.name.append('Joan') 4. 不能，元组属于不可变数据类型。 5.（1）false（2）true 6. 略（提示：枚举算法）

7.（提示：将对象之间的关系抽象为逻辑表达式，用枚举算法寻找答案。例如，设醋、食用油、水、白酒的沸点分别为变量 a、b、c、d，"甲只说对了一个"，可用表达式表达为：(c==1)+(a==4)+(b==3)==1）

参考代码：

```
01. #a 代表醋的沸点
02. #b 代表食用油的沸点
03. #c 代表水的沸点
04. #d 代表白酒的沸点
05. # 用 1、2、3、4 分别表示沸点从高到低的顺序
06.
07. # 遍历各物质的沸点排名情况
08. for a in range(1,5):
09.     for b in range(1,5):
```

```
10.         if b==a:
11.             continue
12.         for c in range(1,5):
13.             if c==a or c==b:
14.                 continue
15.             for d in range(1,5):
16.                 if d!=a and d!=b and d!=c:
17.                     # 接下来判断是否满足"每个人只说对了1个"的条件
18.                     if (c==1)+(a==4)+(b==3)==1 and (a==1)+(c==4)+
                            (b==2)+(d==3)==1 and (a==4)+(c==3)==1 and
                            (b==1)+(d==4)+(a==2)+(c==3)==1:
19.                         print("醋第{},食用油第{},水第{},白酒
                                第{}".format(a,b,c,d))
```

【第七章】

练一练

1.（1）find_num == lst[i]['num'] （2）'name' 2.略 3.略

【第八章】

练一练

1.BCD 2.略 3.略 4.程序略（提示：用 pandas 库操作数据表） 5.A

【第九章】

练一练

1.BCD 2.B